■ ■ ■ 智能系统与技术丛书

Hands-On Neural Network

神经网络设计与实现

[英] 列奥纳多·德·马尔希（Leonardo De Marchi）
劳拉·米切尔（Laura Mitchell） 著
朱梦瑶 郭涛 赵子辉 余秋琳 译

机械工业出版社
China Machine Press

图书在版编目（CIP）数据

神经网络设计与实现 /（英）列奥纳多 · 德 · 马尔希（Leonardo De Marchi），（英）劳拉 · 米切尔（Laura Mitchell）著；朱梦瑶等译 . -- 北京：机械工业出版社，2021.5
（智能系统与技术丛书）
书名原文：Hands-On Neural Network
ISBN 978-7-111-68350-6

I. ①神… II. ①列… ②劳… ③朱… III. ①人工神经元网络 – 系统设计 IV. ① TP183

中国版本图书馆 CIP 数据核字（2021）第 095625 号

本书版权登记号：图字 01-2020-1940

神经网络设计与实现

出版发行：机械工业出版社（北京市西城区百万庄大街 22 号 邮政编码：100037）
责任编辑：王春华 李美莹
责任校对：殷 虹
印 刷：北京市荣盛彩色印刷有限公司
版 次：2021 年 6 月第 1 版第 1 次印刷
开 本：186mm × 240mm 1/16
印 张：13.5
书 号：ISBN 978-7-111-68350-6
定 价：89.00 元

客服电话：（010）88361066 88379833 68326294
投稿热线：（010）88379604
华章网站：www.hzbook.com
读者信箱：hzit@hzbook.com

The Translator's Words 译 者 序

“暮色苍茫看劲松，乱云飞渡仍从容。天生一个仙人洞，无限风光在险峰。”

深度学习自2006年正式提出以来，经过15年多的发展，无论是在理论还是在实际应用方面，都得到了突破性的进展。它使人工智能（AI）产生了革命性的突破，让人们切实领略到人工智能给生活带来改变的潜力。机器学习与深度学习因而成为很多AI公司、科研院所和高校的主要研究内容。

近年来，深度学习、迁移学习与强化学习已经成为独立的研究分支，学术界和产业界在理论、算法和应用方面均取得了长足发展，深度学习+场景/强化学习+场景的AI产品已经给人类带来了很多方便。

本书从机器学习基础、深度学习应用和高级机器学习这三个方面入手，结合算法理论、代码实现和应用场景，介绍了机器学习的新动向和新技术。全书分为三部分，第一部分为神经网络入门。第1章主要介绍人工智能的历史、机器学习概述和监督学习算法。第2章介绍神经网络基础、感知器、神经网络以及FFNN算法实现。第二部分为深度学习应用。第3章主要介绍基于卷积神经网络的图像处理。第4章介绍文本挖掘。第5章介绍循环神经网络。第6章介绍如何利用迁移学习重用神经网络。第三部分为高级应用领域。第7章主要对生成对抗网络的挑战、发展变化和时间表进行了介绍，并实现了DCGAN、CycleGAN、ProGAN、StarGAN、StyleGAN等算法。第8章主要对自编码器、损失函数和遇到的挑战进行了介绍，并实现了变分自编码器。第9章对深度置信网络（DBN）的架构、训练和调参进行了介绍。第10章主要讲解了强化学习的基本定义，并介绍了Q-learning和冰湖问题。第11章首先对本书进行了总结，然后对人工智能和机器学习的未来进行了展望，其中包括对AI的可解释性和安全性等问题的讨论。

本书的翻译工作由四川省农业科学院遥感应用研究所郭涛和吉林大学朱梦瑶发起并组

建翻译团队完成。其中四川外国语大学成都学院余秋琳负责第 1、2 和 11 章，北华航天工业学院赵子辉负责第 3、4 和 5 章，吉林大学朱梦瑶负责第 8、9 和 10 章，郭涛负责第 6 章、第 7 章和前言等内容，并由郭涛和朱梦瑶负责统稿、校对和审核。在此感谢所有参与本书的翻译校对和技术审核的人员，感谢你们对本书的出版做出的贡献。

鉴于本书涉及的广度和深度，以及译者团队的水平，本书的翻译难免有错漏之处，欢迎各位读者在阅读过程中将本书的问题和勘误提交至 Github（https://github.com/guotao0628/Hands-On-Neural-Networks）。

最后，感谢机械工业出版社华章分社的王春华编辑和李美莹编辑，她们为保证本书的质量做了大量的编辑和校对工作，在此深表谢意。

郭　涛

2021 年

Preface 前　言

从医疗诊断到金融预测，甚至是机器诊断，神经网络（Neural Network，NN）的应用范围非常广泛，在深度学习和人工智能（Artificial Intelligence, AI）中发挥着非常重要的作用。

本书旨在指导读者以实践的方式学习神经网络。书中首先会简要介绍感知器网络，为你后面的学习奠定基础。然后，你可以开始了解机器学习及AI的未来。接下来，你将学习如何使用嵌入技术来处理文本数据，以及长短期记忆（Long Short-Term Memory，LSTM）网络在解决常见自然语言处理（Natural Language Processing，NLP）问题时的作用。后面的章节将演示如何实现高级概念，包括迁移学习、生成对抗网络（Generative Adversarial Network，GAN）、自编码器（Autoencoder，AE）和强化学习（Reinforcement Learning，RL）。最后，你还可以了解更多神经网络领域的最新进展。

通过阅读本书，读者可以掌握构建、训练和优化自己的神经网络模型的技能，这些神经网络能够提供可预测的解决方案。

本书目标读者

本书为中阶书籍，适合对AI和深度学习感兴趣并且想进一步提高技能的读者阅读。

本书结构

第1章涵盖AI（尤其是深度学习）的总体情况。还会介绍从数据变换到评估结果的一系列主要的机器学习概念，这在接下来的深度学习应用章节中非常有用。

第2章介绍深度学习的基础知识及其背后的数学原理。我们还将探索感知器和梯度下降等方面的概念，以及它们背后的数学原理。然后，我们将举例说明如何用它们来构建神经网络，以解决分类问题。

第 3 章介绍用于解决特定领域问题的更复杂的网络架构。特别是，我们将研究解决某些计算机视觉问题的一些技术。还将介绍预训练的网络如何减少创建和训练神经网络所需的时间。

第 4 章展示如何将深度学习用于 NLP 任务，尤其是如何使用嵌入来处理文本数据。此外，本章还会讲解其背后的理论以及一些实际用例。

第 5 章介绍一种更复杂的网络——RNN，以及其背后的数学原理和概念。特别是，我们将专注于 LSTM 以及如何将其用于解决 NLP 问题。

第 6 章介绍迁移学习。迁移学习是一种将学习泛化到不同的任务，而不仅限于其学习以解决的任务的模型能力。我们还将看到一个使用预训练网络的迁移学习具体示例，通过 Keras 和著名的 VGG 网络解决我们的特定问题。

第 7 章介绍过去十年中机器学习最具创新性的概念之一——GAN。我们将学到 GAN 的工作原理以及它们背后的数学原理。我们还将提供一个示例，说明如何实现一个 GAN 来生成简单的手写数字。

第 8 章讨论什么是自编码器、其背后的数学原理，以及它可以解决哪些问题。特别是，我们将研究如何改进简单的自编码器算法，以及如何通过 Keras 用自编码器生成简单的手写数字。

第 9 章讨论什么是深度置信网络（DBN）、其背后的数学原理，以及它们可以解决的问题。

第 10 章从基本概念（例如蒙特卡洛方法和马尔可夫链方法）开始介绍 RL。然后，我们将介绍传统的 RL 方法以及深度学习是如何改善和振兴这个领域的。

第 11 章简要总结本书中涉及的所有主题。我们还将向读者提供其他可参考材料的详细信息。最后，我们还将简述神经网络领域可以期待的最新进展。

如何充分利用本书

具备一些统计学知识将有助于你更充分地利用本书。

下载示例代码及彩色图像

本书的示例代码及所有截图和样图，可以从 http://www.packtpub.com 通过个人账号下载，也可以访问华章图书官网 http://www.hzbook.com，通过注册并登录个人账号下载。

本书的代码包也托管在 GitHub 上（https://github.com/PacktPublishing/Hands-On-Neural-Networks）。如果代码有更新，将在已有的 GitHub 仓库中进行更新。

我们还提供 PDF 文件，其中包含本书中使用的屏幕截图或图表的彩色图像。你可以在 http://www.packtpub.com/sites/default/files/downloads/9781788992596_ColorImages.pdf 下载。

本书约定

本书中使用了许多排版约定。

`CodeInText`（代码体）：书中的代码、数据库表名称、文件夹名称、文件名、文件扩展名、路径名、用户输入和推特用户名均用代码体表示。例如："我们选择使用 `tanh` 作为激活函数。"

代码块格式如下：

```
def step_function(self, z):
        if z >= 0:
            return 1
        else:
            return 0
```

在需要你特别注意的部分，相关的代码行或代码项将以粗体显示：

```
[default]
exten => s,1,Dial(Zap/1|30)
exten => s,2,Voicemail(u100)
exten => s,102,Voicemail(b100)
exten => i,1,Voicemail(s0)
```

命令行输入或输出的格式如下：

```
wget -O moviedataset.zip
```

表示警告或重要提示。

表示提示和技巧。

目　录 Contents

第一部分 *Part 1*

神经网络入门

第一部分介绍主要的深度学习概念和配置开发环境的方法。

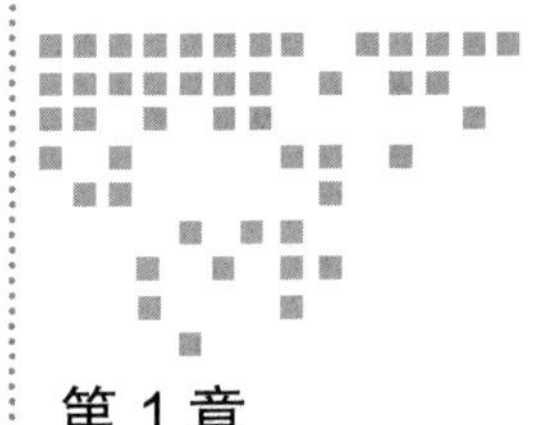

Chapter 1 第1章

有监督学习入门

如今，人工智能（AI）已成为一个流行词汇，企业将其运用到各类产品和服务的宣传中，使其更具吸引力。这更多地是一种营销策略，而非技术成就。在大多数情况下，AI都是一个总括性术语，用于描述从简单分析到高级学习算法的所有内容。它非常具有卖点，因而虽然大多数人对它知之甚少，但每个人现在都直观地觉得它将改变我们所生活的世界。

幸运的是，这不只是噱头，我们也已经看到了人工智能取得的许多惊人成就，例如特斯拉的自动驾驶汽车等。通过深度神经网络的最新研究，特斯拉设法创建了一个新功能，并迅速提供给大众，比大多数专家预测的速度更快。

在本书中，我们会尽量避免大肆宣传，将注意力集中在AI可以提供的实际价值上，从基本知识开始快速讲解至最新算法。

1.1 人工智能的历史

AI是无须人工帮助就能思考的机器，这个概念非常古老，可以追溯到大约公元前1500年的古印度哲学观念——顺世论。

人工智能的基础是人类推理可以映射为机械过程的哲学概念。我们可以从公元前1000年的许多哲学著作中找到这个理念，尤其是亚里士多德（Aristotle）和欧几里得（Euclid）等古希腊哲学家的作品。

莱布尼茨（Leibniz）和霍布斯（Hobbes）等哲学家和数学家在17世纪探索了将人类的

所有理性思想映射到代数或几何系统的可能性。

直到20世纪初，才定义了数学和逻辑可以完成的范围以及数学推理可以抽象多远的界限。正是在那个时候，数学家艾伦·图灵（Alan Turing）定义了图灵机（Turing machine），这是一种通过符号进行数学运算的构造。

1950年，艾伦·图灵发表了一篇论文，推测创造一种可以思考的机器的可能性。由于思考很难定义，因此他定义了一项任务，以确定一台机器是否可以达到可以被称作AI的推理能力。机器需要完成的任务包括与人进行对话，且让人类无法分辨对话者是机器还是人。

20世纪50年代，我们看到了第一个能够完成简单逻辑功能的人工神经网络（ANN）的诞生。在20世纪50年代和70年代间，全世界见证了AI发现的第一个新的大时代，以及AI在代数学、几何学、语言学和机器人技术中的广泛应用。实验结果令人震惊，并在整个领域引起了巨大轰动。而后来，巨大期望落空，研究经费被砍，公众兴趣消退，AI迎来了它的第一个寒冬。

然后我们把时间快速拉回到最近几年，我们开始能够访问大量的数据，同时具备良好的计算能力，*机器学习*（Machine Learning，ML）技术在企业中变得越来越有用。尤其是图形处理单元（Graphic Processing Unit，GPU）的出现，使得基于非常大的数据集有效地训练大型神经网络（通常称作*深度神经网络*（Deep Neural Network，DNN））成为可能。现在的发展趋势似乎是，我们将收集越来越多的数据，用于智慧城市、车辆、便携式设备、*物联网*（Internet of Things，IoT）等。ML可以解决的问题数量迅速增加。与人类历史相比较，我们似乎才处于这场巨大革命的开始，因为我们才刚研究出可以自行做出决定的机器。

使用算法，不仅可以将普通而重复的任务自动化，而且可以改善金融、医学等重要领域，克服限制其发展的人为偏见和有限认知。

所有这些自动化可能会导致大量员工失业，同时将更多的财富和权力集中在少数几个选定的个人和公司手中。因此，诸如Google和Facebook之类的公司都在对该项目进行长期研究投入。尤其是OpenAI（https://openai.com/），这家公司希望提供有关AI的开源研究，并且公开其所有资料。

如果确实可以让任何任务自动化，那么我们可能就可以生活在一个不受资源约束的社会中。这样的社会将不再需要钱，因为这只是有效分配资源的一种方式，最终，我们可能会进入一个乌托邦社会，人们可以自由追求使他们快乐的东西。

目前，这些都只是未来主义理论，但是ML每天都在进步。现在，我们将概述该领域的当前状态。

1.2　机器学习概述

ML 涉及方方面面的内容，包含许多不同类型的算法，其学习方式也不相同。我们可以根据算法执行学习的方式将它们分为以下不同类别：

- 有监督学习
- 无监督学习
- 半监督学习
- 强化学习

在本书中，每种类别都有所涉及，但会重点讲解有监督学习。我们将简要介绍这些学习方式及其对应的情景。

1.2.1　有监督学习

有监督学习是目前商业过程中最常见的机器学习形式。这些算法试图找到映射输入和输出的函数的一个很好的近似。

为此，顾名思义，我们需要自己为算法提供输入值和输出值，并且尝试找到一个能够使预测值和实际输出值之间误差最小的函数。

学习阶段称为训练（training）。模型经过训练后，可以针对未见过的数据预测输出。此阶段通常被视为评分或预测，如图 1-1 所示。

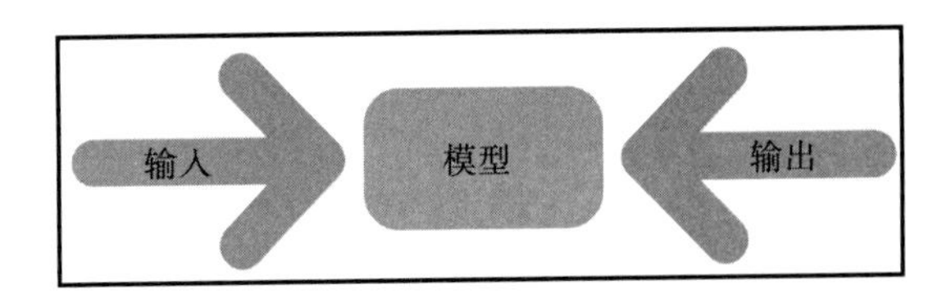

图　1-1

1.2.2　无监督学习

无监督学习适用于未标记的数据，因此我们不需要实际的输出值，仅需要输入。它尝试在数据中查找模式并根据这些共同属性做出反应，将输入划分为多个不同聚类（如图 1-2 所示）。

图 1-2

通常，无监督学习通常与有监督学习结合使用，以减少输入空间并将数据中的信号集中在较少数量的变量上，但无监督学习还有其他目标。从这个角度来看，当标记数据很昂贵或不太可靠时，无监督学习比有监督学习更适用。

常见的无监督学习技术有聚类（clustering）和主成分分析（Principal Component Analysis，PCA）、独立成分分析（Independent Component Analysis，ICA），以及一些神经网络，例如生成对抗网络（Generative Adversarial Network，GAN）和自编码器（Autoencoder，AE）。本书稍后将更深入地探讨最后两个。

1.2.3 半监督学习

半监督学习是介于有监督学习和无监督学习之间的一种技术。它可以说不属于机器学习中一个单独的类别，而只是有监督学习的一种泛化，但在这将其单独列出是有用的。

其目的是通过将一些有标记的数据扩展到类似的未标记数据，从而降低收集标记数据的成本。我们把一些生成模型分类为半监督学习。

半监督学习可以分为直推学习和归纳学习。直推学习适用于推断未标记数据的标签，归纳学习适用于推断从输入到输出的正确映射。

我们可以看到此过程与我们在学校学习的大多数过程相似。老师向学生展示一些例子，并让学生回家完成作业。为了完成这些作业，他们需要进行泛化。

1.2.4 强化学习

强化学习（RL）是我们目前所见的最独特的类别。这个概念非常有趣：该算法试图找出一个策略来最大化奖励总和。

该策略由使用它在环境中执行动作的智能体来学习。然后，环境返回反馈，智能体使用该反馈来改进其策略。反馈是对所执行动作的奖励，可以是正数、空值或负数，如图 1-3 所示。

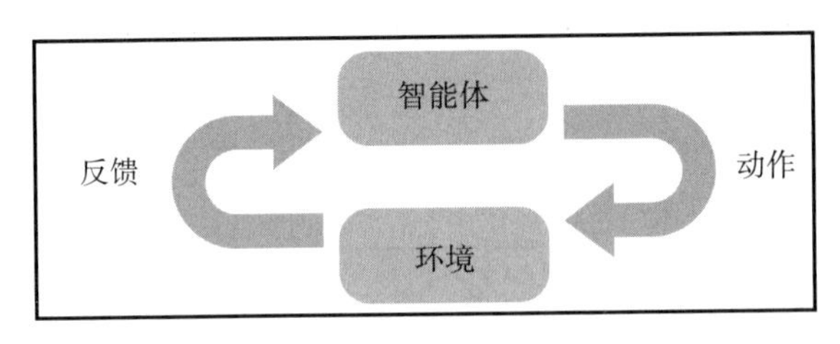

图 1-3

1.3 配置环境

创建 ML 软件时，只有少数编程语言可用。最受欢迎的是 Python 和 R，不过 Scala 也很受欢迎。此外，还有其他一些语言可用，但是更适合 ML 的编程语言是 Julia、JavaScript 和 Java。在本书中，我们仅使用 Python，因为其适用范围广泛、用法简单且库的生态系统较为丰富。

具体来说，我们将使用 Python 3.7 及以下一些库：

- `numpy`：用于快速向量化数值计算
- `scipy`：构建在 `numpy` 之上，具有许多数学功能
- `pandas`：用于数据操作
- `scikit-learn`：Python 主要的 ML 库
- `tensorflow`：为我们的深度学习算法赋能的引擎
- `keras`：我们将用于开发深度学习算法的库，构建在 TensorFlow 之上

我们集中讨论最后两个库。如今，有一些库很适用于神经网络（Neural Network，NN）。最常用的是 TensorFlow。它是一个符号数学库，使用有向图对操作之间的数据流进行建模。

TensorFlow 特别适用于矩阵乘法，因为它可以利用 GPU 架构的全部功能，GPU 架构由许多不是特别强大的内核组成，这些内核可以并行执行许多操作。TensorFlow 功能多样，可以在几种不同的平台上运行，也可以使用 TensorFlow Lite 在移动设备上或使用 TensorFlow.js（https://www.tensorflow.org/js）在浏览器上运行模型。

本书的大部分内容使用的库之一就是 Keras。它是一个位于 TensorFlow 等库之上的层，可为终端用户提供更抽象的接口。因为 Keras 专注于神经网络，所以其适用范围比 TensorFlow 要窄，但它可以与 TensorFlow 的替代产品（如 Microsoft Cognitive Toolkit）结合使用，所以也更通用。

现在，这些库不保证向后兼容。因此，使用 Python 时，在虚拟环境中工作是一个好习

惯。这使我们能够隔绝正在处理的不同项目，而且还可以轻松地将我们的设置分发到不同的计算机上，避免了兼容性问题。

我们可以通过几种方法来创建虚拟环境。在本书中将介绍以下内容：

- 虚拟环境
- Anaconda
- Docker

我们将逐一介绍它们的工作原理，并说明其优缺点。

1.3.1　了解虚拟环境

使用 Python 时，你可能会用到大量的库或包。虚拟环境 `venv` 是创建易于复制的工作设置的第一个也是最直接的方法。

从 Python 3.3 开始，`venv` 模块成为 Python 的内置模块，这意味着你无须安装任何外部组件。

要以自动化方式创建环境，必须创建一个包含所有要安装的库的列表。pip 有一种定义此列表的非常简单的方法，创建一个 `.txt` 文件并在每行指定一个库就可以了。

要创建环境，需要执行以下步骤：

1）安装 Python 3.7。

2）通过下列指令创建一个名为 `dl_venv_pip` 的新虚拟环境。

```
python3.7 -m venv dl_venv_pip
```

3）在 `requirements.txt` 文件中指定所需的库，内容如下。

```
numpy==1.15.4
scipy==1.1.0
pandas==0.23.4
tensorboard==1.12.1
tensorflow==1.11.0
scipy==1.1.0
scikit-learn==0.20.1
Keras==2.2.4
```

4）通过下列指令安装指定库。

```
pip install -r /path/to/requirements/requirements.txt
```

5）输入下列指令，激活环境。

```
source dl_venv_pip/bin/activate
```

激活虚拟环境后，对 Python 解释器的所有调用都将被重定向到虚拟环境的解释器。这是一种快速简便的分发需求的方法，但是由于操作系统不同，仍然可能会出现兼容性问题，并且由于许多数据科学项目都依赖于其中的许多库，因此可能还需要一些时间来安装所有库。

1.3.2 Anaconda

使用 Python 完成数据科学任务的主要缺点之一是需要安装的库数量太多。另外，在提供部署模型的实例时，你需要安装运行程序所需的所有库，如果要将程序部署到不同的平台和操作系统，这可能会产生问题。

幸运的是，`venv` 有一些替代品，其中之一就是 Anaconda，它是一个用于数据科学和机器学习的免费开源 Python 发行版，旨在简化软件包的管理和部署。Anaconda 的软件包管理器称为 `conda`，它可以安装、运行和更新软件包及其依赖项。

包含主库的一个子集的较小 conda 版称为 miniconda。在仅需要主库时，使用此版本非常方便，因为它比发行版小，安装时间短。

要以自动化方式创建环境，必须像创建 `venv` 一样创建依赖关系列表。conda 与 pip 格式兼容，但它也支持更具表现力的 YAML 格式。让我们通过以下步骤来看看这是如何做到的：

1）例如，我们用以下方式创建一个名为 `dl.yaml` 的文件。

```
name: dl_env            # default is root
channels:
    - conda
dependencies:           # everything under this, installed by conda
    - numpy
    - scipy
    - pandas
    - Tensorflow
    - matplotlib
    - keras
    - pip:              # everything under this, installed by pip
        - gym
```

2）将 `dl.yaml` 放置在你选择的目录中，然后在终端文件的相同位置输入以下命令。

```
conda env create python=3.7 --file dl_env.yaml
```

3）现在需要激活。安装后，只要输入 `activate` 就可以随时激活。

```
conda activate dl_env
```

现在，所有 Python 调用都将定向到我们创建的 `conda` 虚拟环境中的 Python。

1.3.3 Docker

Docker 介于虚拟环境和虚拟机之间。它执行操作系统级虚拟化（也称为容器化），将应用程序与操作系统隔离开来，以减少由于库或系统版本而引起的兼容性问题。

顾名思义，把 Docker 比喻成集装箱是很贴切的。它们解决了以下两个问题：

- 运输有时互不兼容的不同商品，例如食品和化学药品
- 标准化不同包装的尺寸

Docker 的工作方式类似于将应用程序彼此隔离，并利用标准层来使容器快速运转，而没有太多开销。

Docker 在数据科学方面的主要优点之一是，它（基本上可以）解决“这原先在我的机器上有效”的问题，并使环境可以更容易、更快速地分发给其他人或生产系统。

> 安装 Docker，请访问 https://www.docker.com/get-started。你可以在其中找到合适的安装程序，并安装我们之前安装的库。

1.4 Python 有监督学习实践

如前所述，有监督学习算法通过映射输入和输出来学习近似一个函数，从而创建一个模型，该模型能够就未见过的输入预测未来的输出。

通常将输入表示为 x，输出表示为 y。两者都可以是数字或类别。

我们可以据此将有监督学习分为两种不同的类型：

- **分类**
- **回归**

分类是一种输出变量可以假设为有限数量的元素（称为类别）的任务。例如根据给定的萼片长度（输入）对不同类型的花朵（输出）进行分类。分类可以进一步分为更多子类型：

- **二元分类**：预测实例是属于一个类还是另一个类的任务
- **多类分类**：为每个实例预测其最可能的标签（类）的任务（也称为多项分类）
- **多标签分类**：可以为每个输入分配多个标签的任务

回归是一种输出变量是连续的任务。以下是一些常见的回归算法：

- **线性回归**：找到输入和输出之间的线性关系
- **逻辑回归**：确定二元输出的概率

通常，可以通过以下步骤以标准方式解决有监督学习问题：

1）进行数据清理，以确保我们使用的数据尽可能准确且可描述。

2）执行特征工程，包括从现有特征中创建新特征以改善算法的性能。

3）将输入数据变换成算法可以理解的东西，这称为数据变换。某些算法（例如神经网络）不能很好地处理未按比例缩放的数据，因为它们自然地会更重视数量级较大的输入。

4）为问题选择一个（或几个）合适的模型。

5）选择一个合适的指标来衡量算法的有效性。

6）使用称为训练集的可用数据子集训练模型。在此训练集上校准数据变换。

7）测试模型。

数据清理

数据清理是确保我们最终能够产生良好结果的基本过程。它是任务特定的，在清理音频、图像、文本或时间序列数据时都将有所不同。

我们需要确保没有数据缺失，如果数据缺失，我们可以决定如何处理它。在数据缺失的情况下（例如，某个实例缺失一些变量），可以用该变量的平均值填充它们，或者用输入范围之外的值填充它（例如，如果变量介于0和1之间，填充–1），或者如果我们有大量的数据，则忽略该实例。

另外，最好检查一下数据是否符合我们测量的值的限制。例如，摄氏温度不能低于273.15℃，如果低于了273.15℃，我们马上就知道该数据点不可靠。

其他检查包括格式、数据类型和数据集中的方差。

我们可以直接从scikit-learn下载一些清理好的数据。里面有许多用于各种任务的数据集。例如，如果要加载一些图像数据，可以使用以下Python代码：

```
from sklearn.datasets import fetch_lfw_people
lfw_people = fetch_lfw_people(min_faces_per_person=70, resize=0.4)
```

该数据被称作Labeled Faces in the Wild（LFW），一个用于人脸识别的数据集。

1.5　特征工程

特征工程是通过变换现有特征来创建新特征的过程。它在传统机器学习中非常重要，但在深度学习中则没那么重要。

传统上，数据科学家或研究人员将运用他们的领域知识，给出一个输入的巧妙表示，以突出相关特征并使预测任务更加准确。

例如，在深度学习出现之前，传统的计算机视觉需要定制的算法来提取最相关的特征，如边缘检测或尺度不变特征变换（Scale-Invariant Feature Transform，SIFT）。

为了理解这个概念，让我们看一个例子。这里有张原始照片（见图 1-4）。

图　1-4

我们对它进行了一些特征工程（运行了边缘检测算法）后，得到如图 1-5 所示的结果。

图　1-5

使用深度学习的巨大优势之一是不需要手动创建这些特征，通过网络就可以完成（图 1-6）。

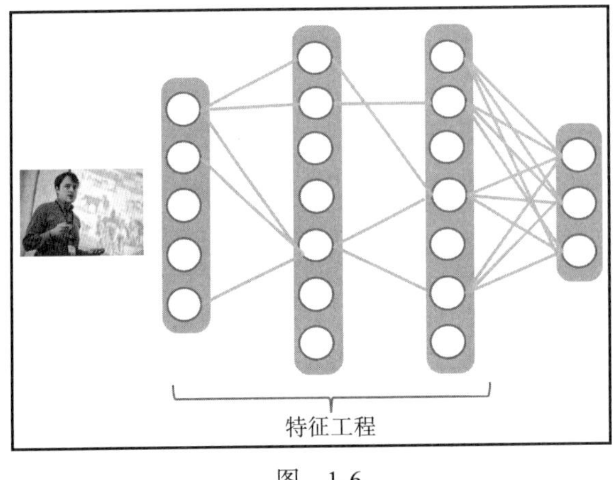

图 1-6

深度学习是如何执行特征工程的

神经网络的理论优势在于它们是通用逼近器。万能近似定理指出，具有单个隐藏层、有限数量的神经元以及有关激活函数的一些假设的前馈网络就可以近似任何连续函数。但是，该定理未指明网络的参数在算法上是否可学习。

在实践中，层被添加到网络以增加近似函数的非线性，并且有大量的经验证据表明，网络越深，输入网络中的数据越多，结果将越好。而这一定律也有一些限制条件，我们将在本书后面进行介绍。

尽管如此，仍有一些深度学习任务需要特征工程，例如自然语言处理（Natural Language Processing，NLP）。在这种情况下，特征工程可以是任何内容，从将文本分成称为 n-gram 的小子集，到使用例如词嵌入的向量化表示。

1. 特征缩放

特征缩放是即使使用神经网络也必须执行的一项非常重要的工程技术。我们需要对数字输入进行缩放，以使所有特征都在相同的尺寸上。否则，网络将更加重视具有较大数值的特征。

一个非常简单的变换是将输入重新缩放到 0 ~ 1 之间，这也称为 MinMax 缩放。其他常见的操作还有标准化和零均值转换，这可以确保输入的标准差为 1，平均值为 0，这在

scikit-learn 库中用 scale 方法实现：

```
from sklearn import preprocessing
import numpy as np
X_train = np.array([[ -3., 1.,  2.],
                    [ 2.,  0.,  0.],
                    [ 1.,  2., 3.]])
X_scaled = preprocessing.scale(X_train)
```

上述命令结果如下：

```
Out[2]:
array([[-1.38873015,  0.        ,  0.26726124],
       [ 0.9258201 , -1.22474487, -1.33630621],
       [ 0.46291005,  1.22474487,  1.06904497]])
```

你可以在 scikit-learn 中找到许多其他可用的数值变换方法。其文档中的其他一些重要变换如下：

- PowerTransformer：此变换将幂变换应用于每个特征，以将数据变换为遵循类高斯分布。它将找到最佳的比例因子来稳定方差，同时最大限度地减少偏斜。scikit-learn 的 PowerTransformer 变换将强制平均值为 0 并将方差强制为 1。
- QuantileTransformer：此变换还有一个额外的 output_distribution 参数，该参数使我们可以对特征强制采用高斯分布，而不是均匀分布。它将为我们的输入极值引入饱和。

2. Keras 特征工程

Keras 提供了一个简单的接口来进行特征工程。本书中，我们将特别研究的任务是图像分类。为此，Keras 提供了 ImageDataGenerator 类，由此我们可以轻松地预处理和扩充数据。

我们将要执行的扩充旨在使用一些随机变换（例如缩放、翻转、剪切和移位）生成更多图像。这些变换有助于防止过拟合，并使模型对不同的图像条件（例如亮度）更加健壮。

首先，我们将看下代码，然后解释它的作用。根据 Keras 的文档（https://keras.io/），可以使用以下代码针对上述图像变换创建一个生成器：

```
from keras.preprocessing.image import ImageDataGenerator

datagen = ImageDataGenerator(
        rotation_range=45,
        width_shift_range=0.25,
        height_shift_range=0.25,
        rescale=1./255,
```

```
        shear_range=0.3,
        zoom_range=0.3,
        horizontal_flip=True,
        fill_mode='nearest')
```

对于生成器，可以设置一些参数：

- rotation_range 参数表示以度（0 ~ 180）为单位的值，该值用于随机找到一个值来旋转输入的图像。
- width_shift 和 height_shift 是范围（总宽度或高度的占比），在该范围内它会随机地垂直或水平变换图片。
- sale 是用于重新缩放原始图像的常用操作。在本例中，我们有 RGB 图像，其中每个像素由 0 ~ 255 之间的值表示。因此，我们使用 1/255 的缩放因子，现在的值将在 0 ~ 1 之间。这样做是因为考虑到典型的学习率（网络的参数之一），否则值会过高。
- shear_range 用于随机应用剪切变换。
- zoom_range 用于通过随机缩放图片内部来创建其他图片。
- horizontal_flip 是一个布尔值，用于通过水平随机翻转图像的一半来创建其他图片。当没有水平不对称的假设时，这很有用。
- fill_model 是用于填充新组件的策略。

这样，我们可以从一张图像创建许多图像以供模型使用。注意，到目前为止，我们只初始化了该对象，因此没有执行指令，因为生成器仅在被调用时才执行动作。

1.6 有监督学习算法

有许多用于有监督学习的算法，我们可以根据手头的任务和可用数据进行选择。如果没有太多数据，并且已经对问题有一定的了解，那么深度学习可能不是最佳的方法。我们应该尝试使用更简单的算法，并根据已有的知识提取相关的特征。

从简单开始总是一个好习惯。例如，对于分类，一个好的起点可以是决策树。随机森林就是一种很难会过拟合的简单决策树算法。开箱即用也可以提供良好的效果。对于回归问题，线性回归仍然非常流行，尤其是在必须证明所做决定为合理的领域中。对于其他问题，例如推荐系统，一个好的起点可以是矩阵分解。每个领域都有一个较好的标准算法。

一个简单的任务示例就是，根据位置和有关房屋的一些信息，预测待售房屋的价格。

这是一个回归问题，scikit-learn 中有一组算法可以执行该任务。如果要使用线性回归，可以执行以下操作：

```
from sklearn.datasets.california_housing import fetch_california_housing
from sklearn.linear_model import LinearRegression

# Using a standard dataset that we can find in scikit-learn
cal_house = fetch_california_housing()

cal_house_X_train = cal_house.data[:-20]
cal_house_X_test = cal_house.data[-20:]

# Split the targets into training/testing sets
cal_house_y_train = cal_house.target[:-20]
cal_house_y_test = cal_house.target[-20:]

# Create linear regression object
regr = linear_model.LinearRegression()

# Train the model using the training sets
regr.fit(cal_house_X_train, cal_house_y_train)
# Calculating the predictions
predictions = regr.predict(cal_house_X_test)
# Calculating the loss
print('MSE: {:.2f}'.format(mean_squared_error(cal_house_y_test,
predictions)))
```

激活我们的虚拟环境（或 `conda` 环境）并将代码保存在名为 `house_LR.py` 的文件中后，可以运行该文件。然后在放置文件的位置运行以下命令行：

```
python house_LR.py
```

关于神经网络的有趣部分是，只要有足够的可用数据，就可以使用它们来完成之前提到的任何任务。而且，当训练好神经网络后，就意味着我们有了一种进行特征工程的方法，而网络本身的一部分可以用于完成类似任务的特征工程。这种方法称为*迁移学习*（Transfer Learning，TL）。我们将在后续章节单独讲解迁移学习。

1.6.1　指标

选择用于评估算法的指标是机器学习过程中另一个极其重要的步骤。你还可以选择一种特定的指标作为算法要最小化的损失。损失是我们将算法预测与正确标准结果进行比较时对算法产生的误差的度量。损失非常重要，因为它决定了算法将如何评估其错误，从而决定了其如何学习将输入与输出映射的函数。

我们可以根据之前定义的问题类型，将指标划分为分类指标或回归指标。

1. 回归指标

在 Keras 中，我们可以看到以下几个重要指标：

- **均方误差**：mean_squared_error，MSE 或 mse
- **平均绝对误差**：`mean_absolute_error`，MAE 或 mae
- **平均绝对百分比误差**：`mean_absolute_percentage_error`，MAPE 或 mape
- **余弦接近度**：cosine_proximity，余弦

在 Keras 中，只有在实例化模型后，才可以指定要优化的指标，即损失。在本书的后面，我们将介绍如何选择感兴趣的指标。

2. 分类指标

在 Keras 中，我们可以找到以下分类指标：

- **二元分类准确度**：这可以衡量二元分类问题结果的准确度。在 keras 中，可以使用 `binary_accuracy` 和 `acc` 函数。
- **ROC AUC**：它衡量二元分类问题中的 AUC。在 keras 中，可以使用 `categorical_accuracy` 和 `acc` 函数。
- **分类准确度**：它衡量多类分类问题结果的准确度。在 keras 中，可以使用 `categorical_accuracy` 和 `acc` 函数。
- **稀疏分类准确度**：它与分类准确的功能相同，但对于稀疏问题，应使用 `sparse_categorical_accuracy`。
- **前 k 个分类准确度**：它可反馈前 k 个元素的准确度。在 keras 中，可以使用 `top_k_categorical_accuracy` 函数（参数 `k` 需自行指定）。
- **稀疏前 k 个分类准确度**：它可反馈稀疏问题前 k 个元素的准确度。在 keras 中，可以使用 `sparse_top_k_categorical_accuracy` 函数（参数 `k` 需自行指定）。

我们要确定的第一件事是，需要预测的类所在的数据集是平衡的还是不平衡的。如果数据集不平衡（例如，如果 99% 的案例都属于一类），精度和准确度等指标可能会产生偏差。在这种情况下，如果我们的系统始终预测最普遍的类，其精度和召回率都将看起来非常好，但系统就失去其价值了。这就是为什么我们建模时，选择有用的指标很重要。例如，在上述情况中，使用 ROC AUC 会更好，因为它关注我们算法的错误分类以及错误的严重程度。

1.6.2　模型评估

要评估算法，必须在未用于训练模型的数据上来判断算法的性能。因此，通常将数据拆分为训练集和测试集。训练集用于训练模型，即用于查找算法的参数。例如，训练决策树将决定创建树的分支拆分的值和变量。测试集在训练期间是完全保密的。这意味着所有操作（例如特征工程或特征缩放）必须仅在训练集中进行，然后应用于测试集，如以下示例所示。

通常，数据集的 70% ~ 80% 会是训练集，而其余的是测试集：

```
from sklearn.model_selection import train_test_split
from sklearn import preprocessing
from sklearn.linear_model import LinearRegression
from sklearn import datasets

# import some data
iris = datasets.load_iris()

X_train, X_test, y_train, y_test = train_test_split(
    iris.data, iris.target, test_size=0.3, random_state=0)

scaler = preprocessing.StandardScaler().fit(X_train)
X_train_transformed = scaler.transform(X_train)
X_test_transformed = scaler.transform(X_train)

clf = LinearRegression().fit(X_train_transformed, y_train)

predictions = clf.predict(X_test_transformed)

print('Predictions: ', predictions)
```

交叉验证是离线评估有监督学习算法最常见的方法。这种技术将数据集多次拆分为测试集和训练集，并使用一部分进行训练，另一部分进行测试。这样不仅可以检测是否过拟合，还可以评估损失的方差。

对于无法随机划分数据的问题（例如时间序列），scikit-learn 还有其他拆分方法，例如 `TimeSeriesSplit` 类。

在 Keras 中，可以指定一种简单的方法来在拟合过程中直接进行训练集 / 测试集拆分：

```
hist = model.fit(x, y, validation_split=0.2)
```

如果数据不能在内存中运行，也可以使用 `train_on_batch` 和 `test_on_batch`。

在 Keras 中，对于图像数据，还可以使用文件夹结构来创建训练集和测试集并指定标签。要做到这一点，重要的是要使用 `flow_from_directory` 函数，该函数将按照指定的标签和训练集 / 测试集拆分来加载数据。我们需要以下目录结构：

```
data/
    train/
        category1/
            001.jpg
            002.jpg
            ...
        category2/
            003.jpg
            004.jpg
            ...
    validation/
        category1/
            0011.jpg
            0022.jpg
            ...
        category2/
            0033.jpg
            0044.jpg
            ...
```

使用以下函数：

```
flow_from_directory(directory, target_size=(96, 96), color_mode='rgb',
classes=None, class_mode='categorical', batch_size=128, shuffle=True,
seed=11, save_to_dir=None, save_prefix='output', save_format='jpg',
follow_links=False, subset=None, interpolation='nearest')
```

TensorBoard

TensorFlow 提供了一种方便的方式来对网络的各个重要方面做可视化处理。要使用这个有效的工具，Keras 需要创建一些 TensorBoard 可读取的日志文件。

一种方法是使用回调（callback）。回调是模型训练期间在指定阶段应用的一组函数。我们可以在训练过程中使用回调函数来查看模型的内部状态和统计信息，也可以将回调函数列表传递给 Keras 模型的 `.fit()` 方法。然后，每个训练阶段都会调用回调的相关方法。

回调示例如下：

```
keras.callbacks.TensorBoard(log_dir='./Graph', histogram_freq=0,
          write_graph=True, write_images=True)
```

然后，我们就可以启动 TensorBoard 界面将图形可视化，也可以用可视化方式显示指标、损失，甚至词嵌入。

如果要从终端窗口启动 TensorBoard，只需输入以下内容：

```
tensorboard --logdir=path/to/log-directory
```

上述命令将启动一个服务器，并且从 http://localhost:6006 进行访问。通过 TensorBoard，我们可以轻松比较不同网络架构或参数的性能（如图1-7所示）。

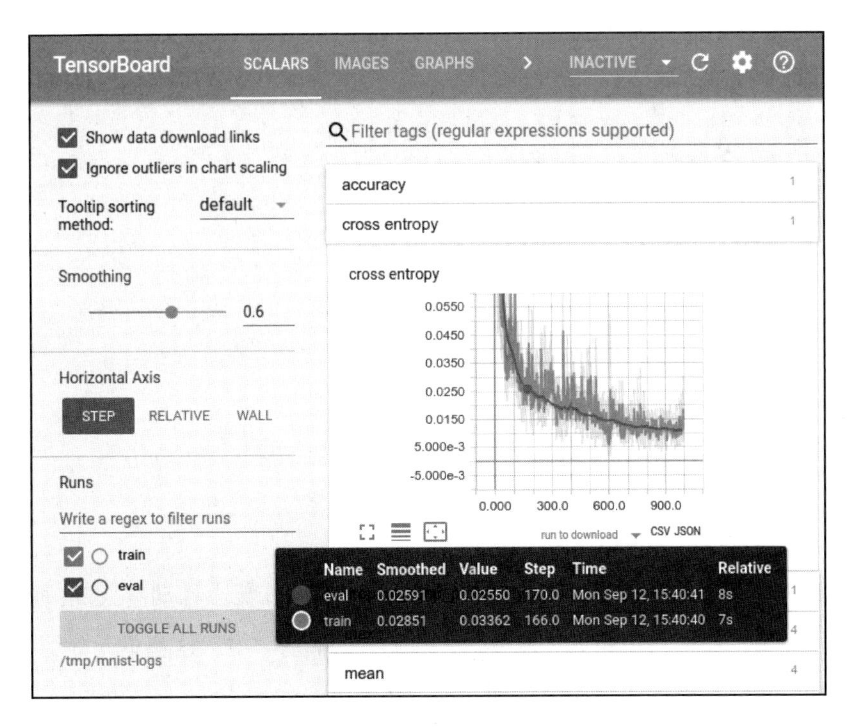

图1-7　运行中的TensorBoard截图

1.7　总结

在本章中，我们学习了AI和深度学习。我们还深入了解了机器学习的各种类型。然后，我们学习了如何设置工作环境并用Python实践有监督学习。我们还研究了特征工程和有监督学习算法，以及如何使用正确的指标来评估模型。

第2章我们将学习深度学习的基础知识和背后的数学原理。

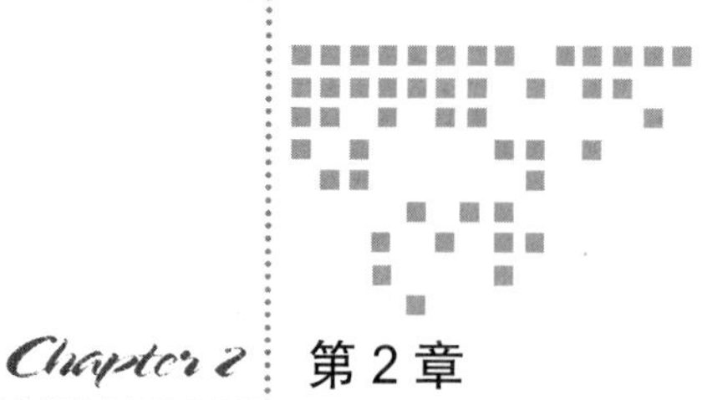

Chapter 2 第2章

神经网络基础

人工神经网络（ANN）是一组受生物大脑启发而来的算法。像动物大脑一样，人工神经网络也是由相互连接的简单单元（神经元）组成。在生物学中，这些单元称为神经元。它们像开关一样，接收、处理和传递信号到其他神经元。

神经网络的元素本身非常简单，其复杂性和功能来自元素间的相互作用。人脑拥有超过1 000亿个神经元和100万亿个连接。

第1章中，我们介绍了有监督学习问题。本章我们将介绍用于创建解决此类问题的神经网络（NN）的主要构建模块。我们将介绍用于创建前馈神经网络（FFNN）的所有元素，并说明如何进行训练，从头开始实现和使用Keras。

2.1 感知器

和我们想象的一样，感知器的概念受到生物神经元启发，其主要功能是决定阻止或允许信号通过。神经元接收一组由电信号创建的二进制输入。如果总信号超过某个阈值，则神经元将触发输出。

感知器的工作原理也是如此，详见图2-1。

它可以接收多个输入，将该输入乘以一组权重。然后，加权信号的总和将通过一个激活函数（这里为一个阶跃函数）。如果总信号大于某个阈值，则感知器将让信号通过或不让信号通过。我们可以用以下公式来进行数学表示：

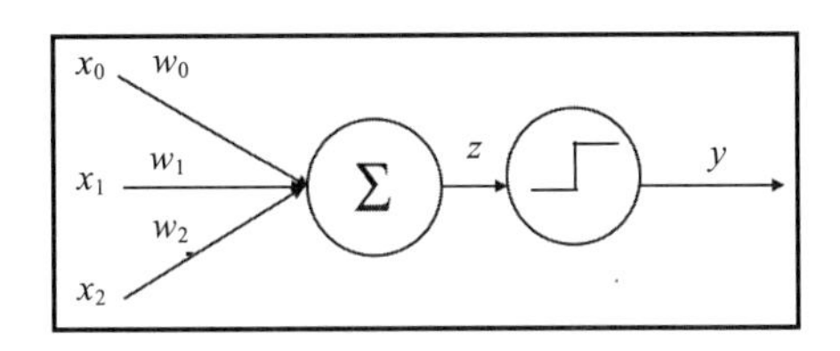

图　2-1

$$z = \sum_{i=1}^{n} W_i x_i = \boldsymbol{W}^{\mathrm{T}} \boldsymbol{x}$$

这就是神经元的数学模型，表示为显式求和与矩阵运算。$\boldsymbol{W}^{\mathrm{T}}\boldsymbol{x}$ 是公式的向量化表示，其中 W 是权重矩阵，该矩阵首先被转置，然后乘以输入向量 $\boldsymbol{x}$。

为了得到完整的数学描述，我们应该添加一个常数 b，称为偏置项：

$$z = \sum_{i=1}^{n} W_i x_i + b = \boldsymbol{W}^{\mathrm{T}} \boldsymbol{x} + b$$

现在，我们有了线性方程的通用表达式，这就是阶跃函数之前的整个过程。

接下来，输入和权重 z 的线性组合通过激活函数，该函数将确定感知器是否会让信号通过。

最简单的激活函数就是阶跃函数。神经元的输出可以通过阶跃函数来近似，该阶跃函数可以用以下方程式表示：

$$f(x) = \begin{cases} 1，\text{如果 } \boldsymbol{W}^{\mathrm{T}}\boldsymbol{x}+b>0 \\ 0，\text{否则} \end{cases}$$

图 2-2 是其可视化表示。

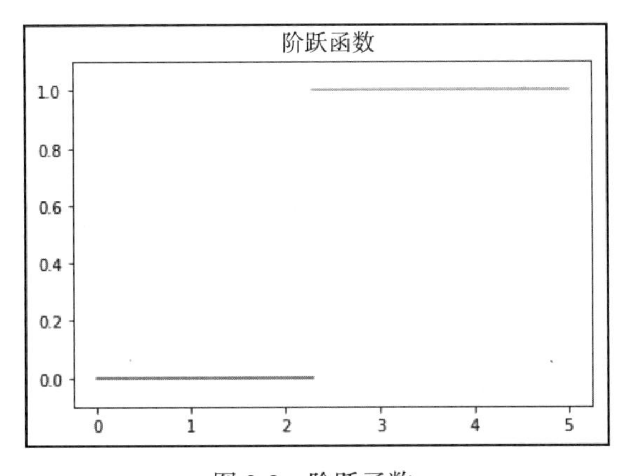

图 2-2　阶跃函数

激活函数的类型很多，我们会在后面详细讲解。

实现感知器

现在，我们来看一下如何从头开始构建感知器，以确保我们理解这些概念，因为我们将使用它们来构建复杂网络。

单层感知器只能学习线性可分的模式。学习部分就是找到使输出误差最小的权重的过程。

首先，让我们创建一个数据集。为此，我们将从创建的两个不同的正态分布中采样，并根据分布对数据进行标记。之后，我们将训练感知器来区分它们：

```
import numpy as np
import pandas as pd
import seaborn as sns; sns.set()
from sklearn.metrics import confusion_matrix

# initiating random number
np.random.seed(11)

#### Creating the dataset
# mean and standard deviation for the x belonging to the first class
mu_x1, sigma_x1 = 0, 0.1

# constat to make the second distribution different from the first
x2_mu_diff = 0.35

# creating the first distribution
d1 = pd.DataFrame({'x1': np.random.normal(mu_x1, sigma_x1 , 1000),
                   'x2': np.random.normal(mu_x1, sigma_x1 , 1000),
                   'type': 0})

# creating the second distribution
d2 = pd.DataFrame({'x1': np.random.normal(mu_x1, sigma_x1 , 1000) +
x2_mu_diff,
                   'x2': np.random.normal(mu_x1, sigma_x1 , 1000) +
x2_mu_diff,
                   'type': 1})

data = pd.concat([d1, d2], ignore_index=True)


ax = sns.scatterplot(x="x1", y="x2", hue="type",
                      data=data)
```

为了将上面的代码可视化，我们可以在设置了 `% matplotlib inline` 选项的 Jupyter Notebook 中运行，得到图 2-3。

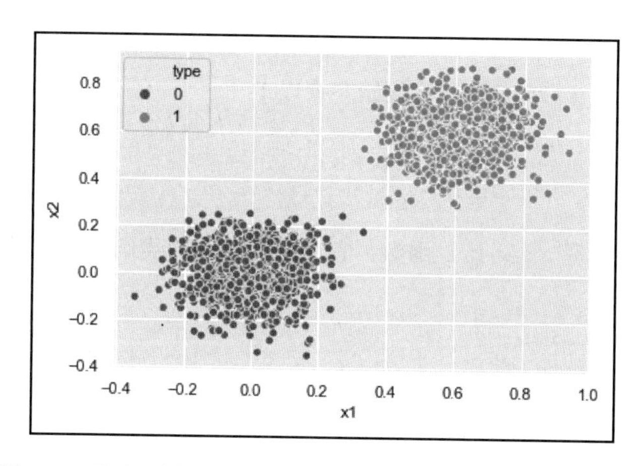

图 2-3 通过不同的颜色标记两种分布（彩图见本书下载文件）

如图 2-3 所示，两个分布是线性可分的，所以这个任务很适合我们的模型。

现在，让我们创建一个简单的类来实现这个感知器。我们知道有两个输入数据（即图中的两个坐标）和一个二进制输出（即数据点的类型），数据点的类型用不同的颜色区分：

```
class Perceptron(object):
    """
    Simple implementation of the perceptron algorithm
    """

    def __init__(self, w0=1, w1=0.1, w2=0.1):

        # weights
        self.w0 = w0 # bias
        self.w1 = w1
        self.w2 = w2
```

我们需要两个权重，每个输入各一个权重，再加上一个额外的偏置项。我们将偏置项表示为始终接收等于 1 的输入的权重。这样更容易进行优化。

现在，需要将计算预测的方法添加到我们的类中，即实现数学公式的部分。当然，在一开始，我们不知道权重是多少（这实际上就是我们训练模型的原因），但是我们需要一些值来开始，因此我们将它们初始化为任意值。

我们将使用阶跃函数作为这个人工神经元的激活函数，它将作为决定信号是否通过的过滤器：

```
def step_function(self, z):
   if z >= 0:
       return 1
   else:
       return 0
```

然后将输入乘以权重并求和，因此我们需要实现一个方法来接收两个输入并返回其加权和。偏置项由 `self.w0` 项表示，该值始终乘以 1：

```
def weighted_sum_inputs(self, x1, x2):
      return sum([1 * self.w0, x1 * self.w1, x2 * self.w2])
```

现在，我们需要实现 `predict` 函数，它会使用前面的代码块中定义的函数来计算神经元的输出：

```
def predict(self, x1, x2):
    """
    Uses the step function to determine the output
    """
    z = self.weighted_sum_inputs(x1, x2)

    return self.step_function(z)
```

在本书后面你会发现最好选择易于求导的激活函数，因为通过梯度下降能够更便捷地训练网络。

计算权重的训练阶段是一个简单的过程，可通过以下拟合方法实现。我们需要为该方法提供输入、输出和另外两个参数（epoch 数和步长）。

一个 epoch 是模型训练的一个阶段，每次当所有训练样本都用于更新权重后，一个 epoch 就结束了。对于 DNN，通常需要训练数百甚至更多个 epoch，但是在我们的示例中，一个 epoch 就够了。

步长（或学习率）是一个用来控制更新对当前权重的效应的参数。感知器收敛定理表明，如果类是线性可分的，则感知器将收敛，而与学习率无关。此外，对于神经网络，学习率非常重要。使用梯度下降时，它决定了收敛速度，并可能会决定你能够获得的误差函数的值与最小值的接近程度。较大的步长可能会使训练在局部最小值附近跳跃，而较小的步长会使训练太慢。

在下面的代码块中，可以找到我们需要添加到感知器的类中进行训练的方法代码：

```
def predict_boundary(self, x):
        """
        Used to predict the boundaries of our classifier
        """
        return -(self.w1 * x + self.w0) / self.w2

    def fit(self, X, y, epochs=1, step=0.1, verbose=True):
        """
        Train the model given the dataset
        """
        errors = []
```

```
        for epoch in range(epochs):
    error = 0
    for i in range(0, len(X.index)):
        x1, x2, target = X.values[i][0], X.values[i][1],
        y.values[i]
        # The update is proportional to the step size and
        the error
        update = step * (target - self.predict(x1, x2))
        self.w1 += update * x1
        self.w2 += update * x2
        self.w0 += update
        error += int(update != 0.0)
    errors.append(error)
    if verbose:
        print('Epochs: {} - Error: {} - Errors from all epochs:
        {}'\.format(epoch, error, errors))
```

训练过程通过将步长（或学习率）乘以实际输出与预测之间的差来计算权重更新。然后将此加权误差乘以每个输入，并加到相应的权重上。这种简单的更新策略让我们可以将区域分为两部分从而对数据进行分类。这种学习策略称为*感知器学习规则*（Perceptron Learning Rule，PLR），并且可以证明，如果问题是线性可分的，则感知器学习规则将可以在有限的迭代中找到一组权重解决这个问题。

我们还添加了一些错误日志功能，因此可以用更多的epoch来进行测试，并查看错误是如何受到影响的。

现在学完了感知器类。我们需要创建训练集和测试集来训练网络并验证其结果。最佳做法是再加上一个验证集，但在此示例中，我们将跳过它，专注于训练过程。使用交叉验证也是一种好习惯，但是为了简单起见，我们也将跳过，只使用一个训练集和一个测试集：

```
# Splitting the dataset in training and test set
msk = np.random.rand(len(data)) < 0.8

# Roughly 80% of data will go in the training set
train_x, train_y = data[['x1','x2']][msk], data.type[msk]
# Everything else will go into the valitation set
test_x, test_y = data[['x1','x2']][~msk], data.type[~msk]
```

现在已经准备好了训练所需的一切，我们将权重初始化为接近零的数字并执行训练：

```
my_perceptron = Perceptron(0.1,0.1)

my_perceptron.fit(train_x, train_y, epochs=1, step=0.005)
```

为了检查算法的性能，我们可以使用混淆矩阵，显示所有正确预测和错误分类。由于这是一项二元分类任务，因此结果将有三种可能：真阳性、假阳性或假阴性：

```
pred_y = test_x.apply(lambda x: my_perceptron.predict(x.x1, x.x2), axis=1)

cm = confusion_matrix(test_y, pred_y, labels=[0, 1])

print(pd.DataFrame(cm,
                   index=['True 0', 'True 1'],
                   columns=['Predicted 0', 'Predicted 1']))
```

上述程序代码会产生下列输出。

	Predicted 0	Predicted 1
True 0	190	5
True 1	0	201

我们可以通过在输入空间绘制线性决策边界可视化这些结果。为此，需要在感知器类中添加下述代码：

```
def predict_boundary(self, x):
    """
    Used to predict the boundaries of our classifier
    """
    return -(self.w1 * x + self.w0) / self.w2
```

要找到边界，我们需要找到满足下列等式的点：

```
x2*w2+x1*w1+w0=0
```

现在可以使用以下代码绘制决策线和数据：

```
# Adds decision boundary line to the scatterplot

ax = sns.scatterplot(x="x1", y="x2", hue="type",
                     data=data[~msk])
ax.autoscale(False)
x_vals = np.array(ax.get_xlim())
y_vals = my_perceptron.predict_boundary(x_vals)
ax.plot(x_vals, y_vals, '--', c="red")
```

结果如图 2-4 所示。

除了二元分类，还可以计算连续输出，只需要使用连续激活函数（例如逻辑函数）就可以了。通过这种方法，我们的感知器变成了逻辑回归模型。

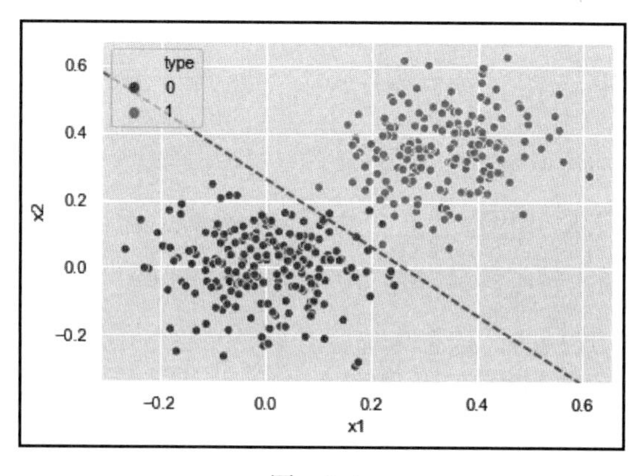

图 2-4

2.2 Keras

现在已经了解如何从头开始在 Python 中实现感知器，并且理解了概念，那么我们可以使用一个库，避免重复实现这些算法。幸运的是，有许多库使我们可以专注于网络的架构和组成，而不必在太多的实现问题上浪费时间。

最近十年，显卡取得主要突破，其使用使深度学习发展如此迅速。尤其是 NVIDIA 创建的 CUDA，这是一个编程接口，使得在常规编程中发挥现代图形处理单元（GPU）的全部功用成为可能。GPU 是主要用于渲染图像的硬件。与 CPU 相比，GPU 内核数更多，但是这些内核只能执行简单的操作。它们是矩阵乘法的理想选择，这就是为什么与 CPU 相比，GPU 能够缩短计算时间，其速度甚至能达到 CPU 的 100 倍。

TensorFlow 是一个使用 CUDA 与 GPU 进行交互的库，但它也可以在常规 CPU 上运行。因此无须 GPU 也可运行本书中的示例。

我们将在 TensorFlow 之上使用 Keras，因为 TensorFlow 提供高级的 Pythonic API，允许我们快速构建复杂的架构。

在 Keras 中实现感知器

本节将介绍一些简单的概念，看看如何在 Keras 中实现感知器。

Keras 的主要目的是 `Sequential` 使模型创建更加 Pythonic 且更以模型为中心。

有两种方法创建模型：使用 `Sequential` 类或 `Model` 类。创建 Keras 模型最简单的方法是使用 Sequential API。使用该类有一些限制。例如，定义具有多个不同输入或输出源的模型并不简单，但它可以满足我们目前的需求。

我们可以从初始化 Sequential 类开始：

```
my_perceptron = Sequential()
```

然后，需要添加输入层并指定维度和其他一些参数。在这个例子中，我们将添加一个 Dense（密集）层，这意味着所有神经元与下一层的全部神经元都相互连接。

此 Dense 层是完全连接的，这意味着所有神经元与下一层的神经元都有一个连接。它执行输入和权重集（也称为内核）之间的乘法运算，当然，如果已指定，则添加偏置项。然后，结果将通过激活函数。

要完成初始化，需要指定神经元的数量（1）、输入维度（2，因为我们有两个变量）、激活函数（sigmoid）和初始权重值（zero）。要将层添加到模型，可以使用 add() 方法，如下所示：

```
input_layer = Dense(1, input_dim=2, activation="sigmoid",
kernel_initializer="zero")
my_perceptron.add(input_layer)
```

现在，我们需要编译这个模型。在此阶段，我们将简单定义损失函数以及探索梯度的方式，也就是优化器。Keras 不支持我们之前使用的阶跃函数，因为该函数是不可微的，所以不能在反向传播中使用。如果要使用它，则需使用 keras.backend 来自定义函数。在本例中，我们还必须自己定义导数，大家可以自行练习此部分。

为了简单起见，我们将使用 MSE。另外，我们将使用随机梯度下降（Stochastic Gradient Descent，SGD）作为梯度下降策略，这是一种优化可微函数的迭代方法。在定义 SGD 时，可以指定学习率，我们将其设置为 0.01：

```
my_perceptron.compile(loss="mse", optimizer=SGD(lr=0.01))
```

然后，我们只需要使用 fit 方法来训练网络。在此阶段，我们需要提供训练数据及其标签。

我们还可以提供所需的 epoch 数。一个 epoch 包括整个数据集前向和反向通过网络。在这个简单示例中，一个 epoch 就足够了，但是更复杂的神经网络则需要更多的 epoch。

我们还指定了批量大小（batch size），这是在训练集中用于一次梯度迭代的部分。为了减少梯度处理的噪声，通常在更新权重之前先对数据进行批处理。批量大小取决于所需的内存量，通常来说，会在 32 ~ 512 个数据点之间。批量大小会带来很多影响，通常来说，较大的批次大小往往会模型收敛到局部最小值，并失去在训练集之外的泛化能力。为了避免停留在局部最小值，我们还希望对数据进行洗牌（shuffle）。在这种情况下，每次迭代都会更改批次，从而避免停留在局部最小值：

```
my_perceptron.fit(train_x.values, train_y, nb_epoch=2, batch_size=32,
shuffle=True)
```

然后，我们计算 AUC 值，如下所示：

```
from sklearn.metrics import roc_auc_score

pred_y = my_perceptron.predict(test_x)

print(roc_auc_score(test_y, pred_y))
```

在训练模型时，我们将在屏幕上看到一些信息。Keras 展示了模型的进度，并在运行时为每个 epoch 提供了 ETA。它还显示了有关损失的指标，我们可以用它来查看模型是否确实在改善其性能：

```
Epoch 1/30
1618/1618 [==============================] - 1s 751us/step - loss: 0.1194
Epoch 2/30 1618/1618

[==============================] - 1s 640us/step - loss: 0.0444 Epoch 3/30
1618/1618
```

2.3　前馈神经网络

感知器算法的主要缺点之一是它只能捕获线性关系。举个例子，逻辑异或（XOR）就是一个它无法解决的简单任务。这是一个非常简单的函数，其中只有当两个二进制输入互不相同时，其输出才为真（True）。可以用下表来描述。

	X2 = 0	X2 = 1
X1 = 0	False	True
X1 = 1	True	False

上表也可以用图 2-5 表示。

在 XOR 问题中，无法找到能正确地将预测空间一分为二的线。

我们无法使用线性函数来分离此问题，因此不能在这个问题上使用之前学的感知器。在之前的示例中，决策边界是一条线。那么可以很容易注意到，在本例中，只需两条线，我们就能对输入进行分类（如图 2-6 所示）。

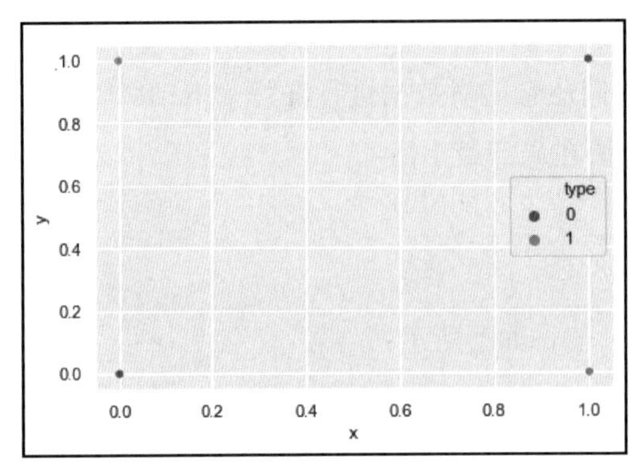

图 2-5 将 XOR 问题可视化

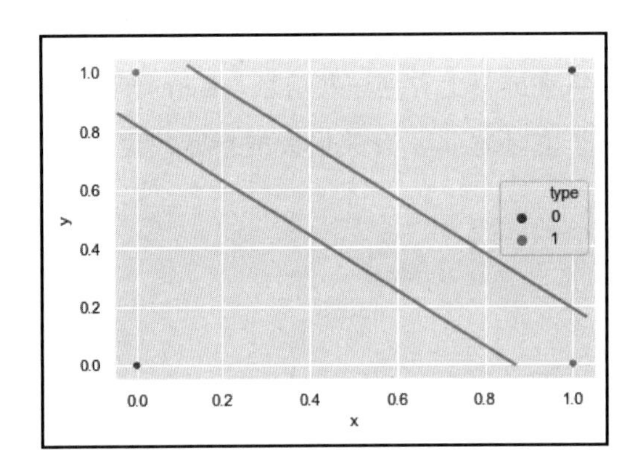

图 2-6 可以用两个不同的线性函数分隔空间

但是现在，我们遇到了一个问题：如果将先前的感知器的输出馈入另一个感知器，我们仍将只有输入的线性组合，因此这种方式将无法添加任何非线性。

你可以轻松地看到，如果添加的非线性越来越多，将能够以更复杂的方式分隔空间。这就是我们想要通过多层神经网络（Multilayer Neural Network）实现的目标。

引入非线性的另一种方法是更改激活函数。如前所述，阶跃函数只是我们的选择之一，还可以选择非线性的函数，例如修正线性单元（Rectified Linear Unit，ReLU）和 S 形函数（Sigmoid）。通过这种方式，我们可以计算连续的输出，并将更多的神经元组合成可划分解空间的东西。

这个直观的概念在数学上用万能近似定理表述：使用仅包含一个隐藏层的多层感知器就可以逼近任意连续函数。隐藏层是输入层和输出层之间的神经元层。对于很多激活函数（例如 ReLU 和 sigmoid），此结果都是成立的。

多层神经网络是前馈神经网络（Feedforward Neural Network，FFNN）的一个特例，

FFNN是只有从输入到输出一个方向的网络。

主要区别之一是如何训练FFNN。最常见的方法是通过反向传播。

2.3.1　反向传播介绍

在了解数学原理之前，先对训练过程进行直观了解会很有用。回顾学过的感知器类，我们只是利用实际输出与预测之间的差来测量误差。如果要预测连续输出而不是二元输出，因为正误差和负误差可能会相互抵消，所以必须使用不同的方法来测量。

避免此类问题的常见方法是通过使用均方根误差（RMSE）来测量误差，其定义如下：

$$E=(t-y)^2$$

如果让我们的预测发生变化并绘制平方误差，将获得抛物线曲线（见图2-7）。

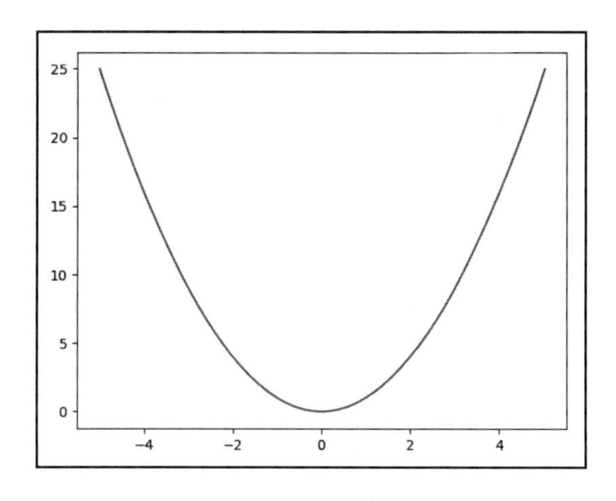

图2-7　单个神经元的误差曲线

实际上，我们的预测结果受到权重和偏置项控制，我们通过更改它们来减少误差。通过改变权重和偏置项，可以获得更复杂的曲线，其复杂性将取决于我们的权重和偏置项数量。对于权重个数为n的通用神经元，我们将具有$n+1$维度的椭圆抛物面（见图2-8），因为我们也需要改变偏置项。

曲线的最低点被称为全局最小值，也就是损失最小的地方，这意味着我们的误差不会低于这个数。在这种简单情况下，全局最小值也是仅有的最小值，但是在复杂函数中，还会有一些局部最小值。局部最小值定义为周围任意的小间隔内的最低点，因此不一定是全局的最低点。

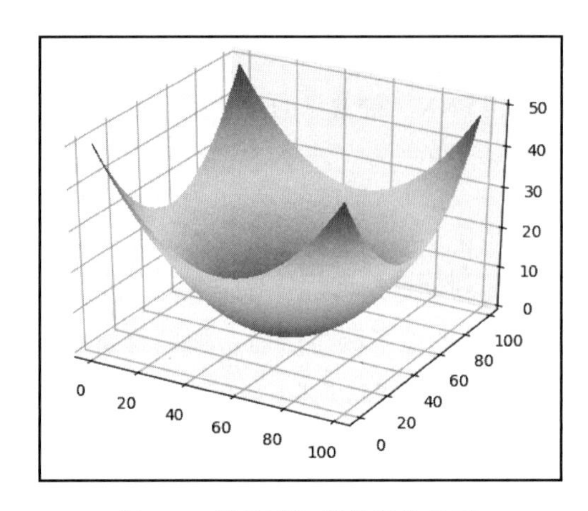

图 2-8 线性感知器的误差曲面

这样，我们可以将训练过程视为一个优化问题，即以有效的方式寻找曲线的最低点。探索误差曲面的便捷方法是使用梯度下降法。梯度下降法使用平方误差函数相对于网络权重的导数，并且遵循向下方向。方向由梯度给出。为方便起见，在查看函数的导数时，我们将考虑与之前看到的方法相比略有不同的测量平方误差的方法：

$$E = \frac{1}{2}(t - y)^2$$

为了消除求导将要添加的系数，我们决定将平方误差除以 2。这不会影响我们的误差曲面，甚至会让误差曲面变得更大，因为稍后，我们会将误差函数乘以另一个称为学习率的系数。

网络的训练通常使用反向传播进行，反向传播用于计算最陡的下降方向。如果单独看每个神经元，可以看到与感知器相同的公式。唯一的区别是，现在，一个神经元的输入是另一神经元的输出。让我们以神经元 j 为例，它会运行其激活函数以及之前所有网络的结果：

$$o_j = \phi\left(\sum_{k=1}^{n} w_{kj} o_k\right)$$

如果神经元在输入层之后的第一层中，那么输入层就是网络的输入。n 表示神经元 j 的输入单位数，w_{kj} 表示神经元 k 的输出和神经元 j 之间的权重。

我们希望其激活函数是非线性且可微的，用希腊字母 ϕ 表示。因为如果它是线性的，则一系列线性神经元的组合仍将是线性的。并且我们希望它是可微的，因为我们要计算梯度。

逻辑函数是一种非常常见的激活函数，也称为 sigmoid 函数，由以下公式定义：

$$\phi(z)=\frac{1}{1+e^{-z}}$$

它的导数形式如下：

$$\frac{\mathrm{d}\phi}{\mathrm{d}z}\phi(z)(1-\phi(z))$$

反向传播的特殊之处在于，不仅输入会到达输出以调整权重，而且输出也会返回到输入，如图 2-9 所示。

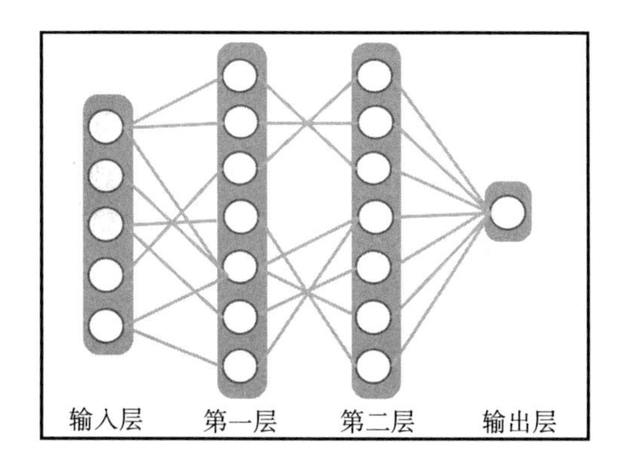

图 2-9　一个简单的二元分类 FFNN 示意图

2.3.2　激活函数

截至目前，你已经看到了两种不同的激活函数：阶跃函数和 sigmoid。但是，根据任务的不同，多多少少还有其他函数可以使用。

激活函数通常用于引入非线性。没有它，我们将只能通过另一个线性函数得到输入的一个线性组合。

现在，我们将详细介绍一些激活函数及其在 Keras 中的代码。

1. sigmoid

正如你看到的那样，sigmoid 函数是逻辑函数的一个具体实例，它为我们提供了类似于阶跃函数的功能，因此对于二元分类（指示结果的可能性）很有用。该函数是可微的，因此可以对每个点进行梯度下降。它也是单调的，这意味着它总是递增或递减，但其导数不会变化。因此，它将有一个最小值。它迫使所有输出值都在 0 ~ 1 之间。即使值非常高，也只会无限趋向于 1，而非常低的值趋向于 0。这造成的一个问题是，这些点处的导数约为 0。因此，梯度下降过程将找不到非常高或非常低的值的局部最小值，如图 2-10 所示。

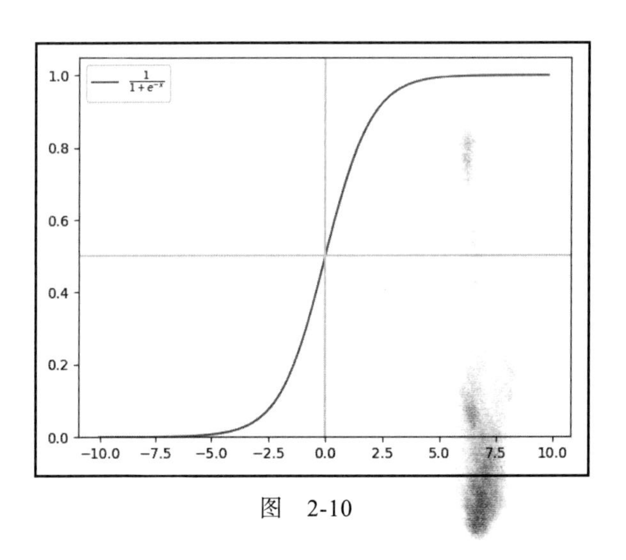

图 2-10

（1）softmax

softmax 函数是 sigmoid 函数的一个泛化形式。sigmoid 函数为我们提供二元分类输出的概率，而 softmax 允许我们将未归一化的向量转换为概率分布。这意味着 softmax 将输出一个向量，该向量的总和为 1，其所有值都将处于 0 ~ 1 之间。

（2）tanh

正如我们之前所说，就逻辑 sigmoid 而言，高值或低值输入的结果将非常接近于零，可能导致神经网络遇到困难。这将意味着梯度下降将不会更新权重，也不能训练模型。

双曲正切或 tanh 函数是 sigmoid 的替代形式，且仍具有 S 型函数的形状。不同之处在于它将输出一个介于 –1 ~ 1 之间的值。因此，tanh 函数会将强负输入映射为负输出（见图 2-11）。此外，只有零值输入会被映射为接近零的输出。这些属性会使网络在训练过程中没那么容易遇到困难。

2. ReLU

ReLU 是最常用的激活函数之一。当输入大于 0 时，它的行为类似于线性函数。反之，它将始终等于 0。这是电气工程中的半波整流的模拟 $f(x) = \max(0, x)$：

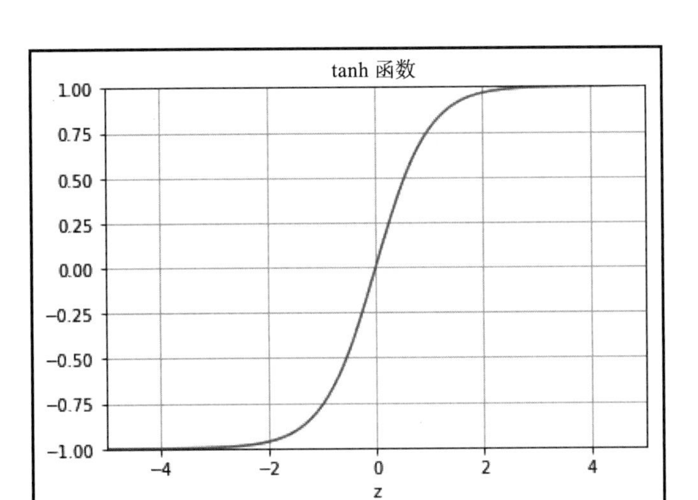

图 2-11　双曲正切函数

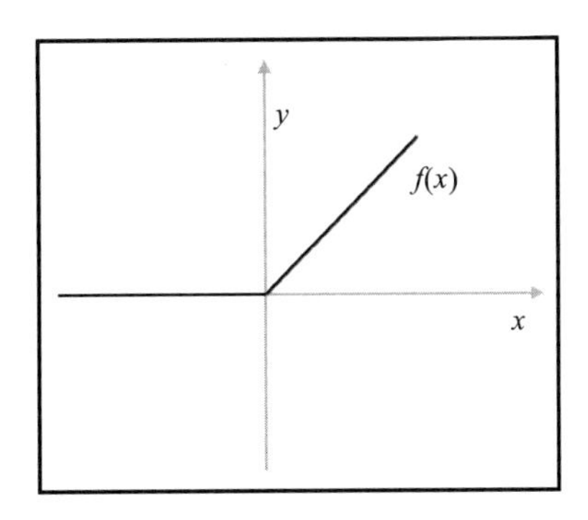

图 2-12　ReLU 函数

此函数的范围为从 0 到无穷大，但问题是负值结果会为 0，因此其导数将始终为常数。这对于反向传播而言显然是个问题，但是在实际情况下，它没有任何影响。

ReLU 有一些变体。最常见的一种是 Leaky ReLU，它的目的是在函数不起作用时允许正的小梯度。其公式如下：

$$f(x)=\begin{cases} x & x>0 \\ ax & x<0 \end{cases}$$

这里，a 通常为 0.01，如图 2-13 所示。

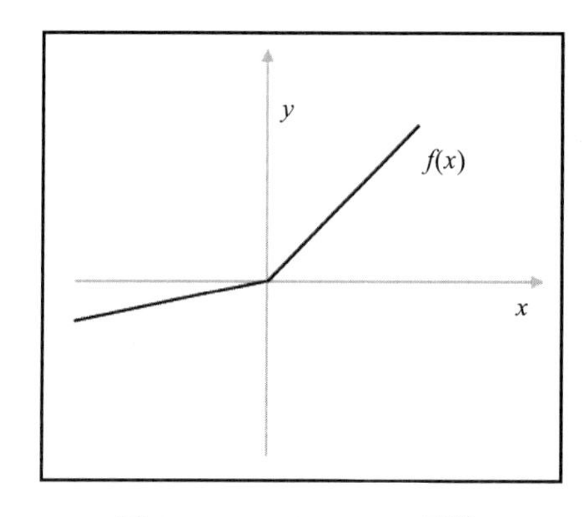

图 2-13 Leaky ReLU 函数

2.3.3 Keras 实现

在 Keras 中，可以通过激活层或通过封装的网络层中的 activation 参数来指定激活函数：

```
from keras.layers import Activation, Dense
model.add(Dense(32))
model.add(Activation('tanh'))
```

也可以换成下列指令：

```
model.add(Dense(32, activation='tanh'))
```

还可以通过传递一个逐元素运算的 TensorFlow / Theano / CNTK 函数来作为激活函数：

```
from keras import backend as K
model.add(Dense(32, activation=K.tanh))
```

1. 链式法则

计算反向传播的基本原则之一是链式法则，它是我们在感知器上看到的 telta 规则的一种更通用的形式。

链式法则用导数的属性来计算更多函数的组合的结果。通过将神经元串联，我们可以有效地创建函数的组合。因此，我们可以应用链式法则公式：

$$\frac{dz}{dx}=\frac{dz}{dy}\cdot\frac{dy}{dx}$$

这里，我们希望找到使误差函数最小化的权重。为此，我们求误差函数相对于权重的导数，并遵循梯度下降的方向。因此，如果考虑神经元 j，我们将看到它的输入来自网络的前一部分，可以用 $network_j$ 来表示。神经元的输出用 o_j 表示，应用链式法则，将获得以下公式：

$$\frac{\partial E}{\partial w_{ij}}=\frac{\partial E}{\partial o_j}\frac{\partial o_j}{\partial network_j}\frac{\partial network_j}{\partial w_{ij}}$$

我们来看下这个公式的每个元素。第一个因子正是我们之前在感知器中使用的。因此，我们得到以下公式：

$$\frac{\partial E}{\partial o_j}=\frac{\partial}{\partial o_j}\frac{1}{2}(t-o_j)^2=\frac{\partial}{\partial o_j}\frac{1}{2}(t-y)^2=y-t$$

这是因为在这种情况下，o_j 也是用 L 表示的下一层神经元的输出。如果我们用 l 表示给定层中神经元的数量，则具有以下公式：

$$\frac{\partial E}{\partial o_j}=\frac{\partial}{\partial o_j}\frac{i}{2}(t-o_j)^2=\frac{\partial}{\partial o_j}\frac{i}{2}(t-y)^2=y-t$$

这就是我们以前使用的 delta 规则的来源。

如果这不是我们要求导的输出神经元，公式会更复杂，因为我们需要考虑每个单神经元，因为它可能与网络的不同部分相连。在这种情况下，有以下公式：

$$\frac{\partial E}{\partial o_j}=\sum_{l\in L}\frac{\partial E}{\partial o_l}\frac{\partial o_l}{\partial network_l}w_{jl}$$

然后，我们需要求所构建的输出表示相对于网络其余部分的导数。这里，激活函数为 sigmoid。因此，计算导数就很容易了：

$$\frac{\partial o_j}{\partial network_j}=\frac{\partial\phi(netowork_j)}{\partial network_j}=\phi(network_j)(1-\phi(network_j)$$

神经元 o_j（$network_j$）的输入相对于连接该神经元和神经元 j 的权重的导数就是激活函数的偏导数。在最后一个元素中，只有一个项取决于 wi_j，因此，其他所有条件都变为 0：

$$\frac{\partial network_j}{\partial w_{ij}}=\frac{\partial}{\partial w_{ij}}wo_i=o_i$$

现在，我们可以看到 delta 规则的一般情况：

$$\frac{\partial E}{\partial w_{ij}}=\delta_j o_i$$

使用如下公式表示：

$$\delta_j o_i=\frac{\partial E}{\partial o_j}\frac{\partial o_j}{\partial network_j}$$

现在，梯度下降技术需要将我们的权重朝着梯度的方向移动一步。这一步是我们要定义的步骤，取决于我们期望算法收敛的速度，以及我们想要接近局部最小值的程度。如果步长（或学习率）太大，就不可能找到最小值，如果步长（或学习率）太小，那么将会花费太多时间（见图 2-14）。

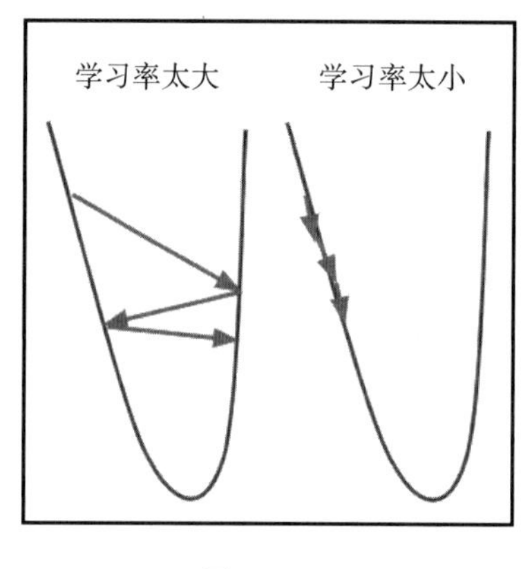

图 2-14

我们提到过，若使用梯度下降法，不能保证可以找到局部最小值，这是因为神经网络中误差函数的非凸性。我们探索误差空间的程度将不仅取决于诸如步长和学习率之类的参数，还取决于创建的数据集的好坏。

不幸的是，目前没有公式可以提供一个好方法来探索误差函数。这个仍然需要一定技巧，因此一些理论主义者将深度学习视为一种次等技术，而更愿意使用更完善的统计公式。但是，如果我们换个角度，对于研究人员来说，这也可以看作一个很好的推进这一领域的机会。深度学习在实际应用中的增长推动了该领域的成功，表明当前的局限性不是主要的缺点。

2. XOR 问题

让我们执行以下步骤来尝试通过一个简单的 FFNN 解决我们先前提出的 XOR 问题：

1）首先，导入此任务所需的一切，并为随机函数添加种子：

```
import numpy as np
import pandas as pd
from sklearn.metrics import confusion_matrix
from sklearn.metrics import roc_auc_score
from sklearn.metrics import mean_squared_error
import matplotlib

matplotlib.use("TkAgg")

# initiating random number
np.random.seed(11)
```

2）为了使其更类似于真实世界的问题，我们向 XOR 输入添加一些噪声，然后尝试预测二元分类任务：

```
#### Creating the dataset

# mean and standard deviation for the x belonging to the first
class
mu_x1, sigma_x1 = 0, 0.1

# Constant to make the second distribution different from the first
# x1_mu_diff, x2_mu_diff, x3_mu_diff, x4_mu_diff = 0.5, 0.5, 0.5,
0.5
x1_mu_diff, x2_mu_diff, x3_mu_diff, x4_mu_diff = 0, 1, 0, 1

# creating the first distribution
d1 = pd.DataFrame({'x1': np.random.normal(mu_x1, sigma_x1,
                  1000) + 0,
                  'x2': np.random.normal(mu_x1, sigma_x1,
                  1000) + 0,'type': 0})

d2 = pd.DataFrame({'x1': np.random.normal(mu_x1, sigma_x1,
                  1000) + 1,
                  'x2': np.random.normal(mu_x1, sigma_x1,
                  1000) - 0,'type': 1})

d3 = pd.DataFrame({'x1': np.random.normal(mu_x1, sigma_x1,
                  1000) - 0,
                  'x2': np.random.normal(mu_x1, sigma_x1,
                  1000) - 1,'type': 0})

d4 = pd.DataFrame({'x1': np.random.normal(mu_x1, sigma_x1,
                  1000) - 1,
                  'x2': np.random.normal(mu_x1, sigma_x1,
                  1000) + 1, 'type': 1})

data = pd.concat([d1, d2, d3, d4], ignore_index=True)
```

这样，我们将得到一个嘈杂的 XOR，如图 2-15 所示。

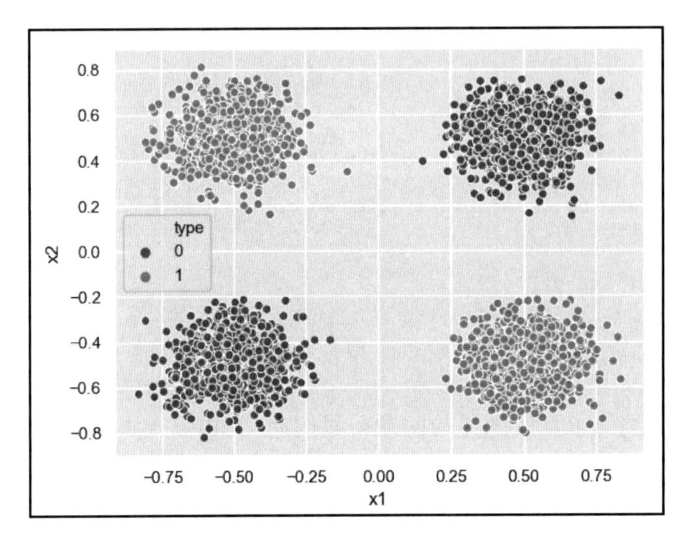

图 2-15

2.4 从头开始使用 Python 编写 FFNN

为了创建我们的网络，我们将创建一个类，它与第 1 章为感知器创建的类相似。与面向对象编程（OOP）所规定的相反，我们不会利用先前创建的感知器类，而使用更为方便的权重矩阵。

我们的目标是使用代码展示如何实现我们刚刚说的理论。因此，解决方案将非常适合于我们的用例。我们知道网络将分为三层，输入大小将为 2，并且知道隐藏层中神经元的数量：

```
class FFNN(object):

    def __init__(self, input_size=2, hidden_size=2, output_size=1):
        # Adding 1 as it will be our bias
        self.input_size = input_size + 1
        self.hidden_size = hidden_size + 1
        self.output_size = output_size

        self.o_error = 0
        self.o_delta = 0
        self.z1 = 0
        self.z2 = 0
        self.z3 = 0
        self.z2_error = 0

        # The whole weight matrix, from the inputs till the
        hidden layer
```

```
        self.w1 = np.random.randn(self.input_size, self.hidden_size)
        # The final set of weights from the hidden layer till
        the output layer
        self.w2 = np.random.randn(self.hidden_size, self.output_size)
```

由于我们决定使用 `sigmoid` 作为激活函数，这里可以将其添加为外部函数。同样，我们知道需要计算导数，因为我们正在使用 SGD。因此，我们将其实现为另一种方法。通过使用上述公式，实现变得非常简单：

```
def sigmoid(s):
    # Activation function
    return 1 / (1 + np.exp(-s))

def sigmoid_prime(s):
    # Derivative of the sigmoid
    return sigmoid(s) * (1 - sigmoid(s))
```

然后，我们用一个函数来计算前向传递，而另一个函数用于反向传递。我们将使用输入和权重之间的点积来计算输出，然后将所有内容通过 `sigmoid` 传递：

```
def forward(self, X):
        # Forward propagation through our network
        X['bias'] = 1 # Adding 1 to the inputs to include the bias
        in the weight
        self.z1 = np.dot(X, self.w1) # dot product of X (input)
        and first set of 3x2 weights
        self.z2 = sigmoid(self.z1) # activation function
        self.z3 = np.dot(self.z2, self.w2) # dot product of hidden
        layer (z2) and second set of 3x1 weights
        o = sigmoid(self.z3) # final activation function
        return o
```

前向传播也是我们将用于预测的内容，但是我们将创建别名，因为在此任务中最常用的名称是 `predict`：

```
def predict(self, X):
    return forward(self, X)
```

反向传播中最重要的概念是误差的反向传播，从而调整权重并减少误差。我们在 `backward` 方法中实现此函数。为此，我们从输出开始，计算预测值与实际输出之间的误差。这将用于计算在更新权重时使用的 delta。在所有层中，我们将神经元的输出用作输入，将其通过 `sigmoid` 的导数，然后乘以误差和步长（也称为学习率）：

```
def backward(self, X, y, output, step):
        # Backward propagation of the errors
        X['bias'] = 1 # Adding 1 to the inputs to include the bias
```

```
        in the weight
        self.o_error = y - output # error in output
        self.o_delta = self.o_error * sigmoid_prime(output) * step #
        applying derivative of sigmoid to error

        self.z2_error = self.o_delta.dot(
            self.w2.T) # z2 error: how much our hidden layer weights
            contributed to output error
        self.z2_delta = self.z2_error * sigmoid_prime(self.z2) * step #
        applying derivative of sigmoid to z2 error

        self.w1 += X.T.dot(self.z2_delta) # adjusting first of weights
        self.w2 += self.z2.T.dot(self.o_delta) # adjusting second set
        of weights
```

在就每个数据点训练模型时，我们将进行两次传递，前向一次，反向一次。因此，我们的 fit 方法将如下所示：

```
def fit(self, X, y, epochs=10, step=0.05):
        for epoch in range(epochs):
            X['bias'] = 1 # Adding 1 to the inputs to include the bias
            in the weight
            output = self.forward(X)
            self.backward(X, y, output, step)
```

现在，神经网络已经准备就绪，可以用于我们的任务了。我们还需要一个训练集和一个测试集：

```
# Splitting the dataset in training and test set
msk = np.random.rand(len(data)) < 0.8

# Roughly 80% of data will go in the training set
train_x, train_y = data[['x1', 'x2']][msk], data[['type']][msk].values

# Everything else will go into the validation set
test_x, test_y = data[['x1', 'x2']][~msk], data[['type']][~msk].values
```

现在可以如下训练网络：

```
my_network = FFNN()

my_network.fit(train_x, train_y, epochs=10000, step=0.001)
```

我们将验证算法的性能，如下所示：

```
pred_y = test_x.apply(my_network.forward, axis=1)

# Reshaping the data
test_y_ = [i[0] for i in test_y]
pred_y_ = [i[0] for i in pred_y]
```

```
print('MSE: ', mean_squared_error(test_y_, pred_y_))
print('AUC: ', roc_auc_score(test_y_, pred_y_))
```

1 000 个 epoch 后的 MSE 小于 0.01，这是一个相当不错的结果。我们通过使用 ROC 曲线下面积（Area Under the Curve，AUC）来衡量性能，该指标衡量了预测情况的好坏。如果 AUC 超过 0.99，我们相信会有极少的错误，但是该模型仍然运行良好。

也可以使用混淆矩阵来验证性能。这种情况下，我们必须设定阈值以区分预测一个标签或另一个标签。由于结果之间有很大的差距，因此将阈值设为 0.5 可能比较合适：

```
threshold = 0.5
pred_y_binary = [0 if i > threshold else 1 for i in pred_y_]

cm = confusion_matrix(test_y_, pred_y_binary, labels=[0, 1])

print(pd.DataFrame(cm,
                   index=['True 0', 'True 1'],
                   columns=['Predicted 0', 'Predicted 1']))
```

我们会得到一个不错的结果，可通过下列的混淆矩阵进行检测。

	Predicted 0	Predicted 1
True 0	8	417
True 1	392	0

通过可视化聚类结果，我们可以清楚地知道误差在哪里，如图 2-16 所示。

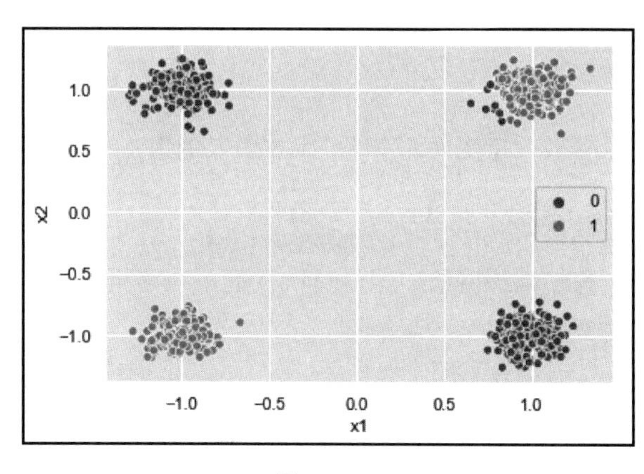

图 2-16

2.4.1 FFNN 的 Keras 实现

为了在 Keras 中实现我们的网络，我们将再次使用 Sequential 模型，但是因为这次需要进行二分类预测，所以需要一个输入神经元、三个隐藏单元以及一个输出单元。

1）导入创建网络所需的部分：

```
from keras.models import Sequential
from keras.layers.core import Dense, Dropout, Activation
from keras.optimizers import SGD
from sklearn.metrics import mean_squared_error
import os
from keras.callbacks import ModelCheckpoint, Callback,
EarlyStopping, TensorBoard
```

2）现在，我们需要定义网络的第一个隐藏层。为此，只需指定隐藏层的输入即可（在 XOR 情况下为两个）。我们还可以指定隐藏层中神经元的数量，如下所示：

```
model = Sequential()
model.add(Dense(2, input_dim=2))
```

3）选择使用 tanh 作为激活函数：

```
model.add(Activation('tanh'))
```

4）然后，我们添加具有一个神经元的另一个全连接层，该层的激活函数为 sigmoid，以此为我们提供输出：

```
model.add(Dense(1))
model.add(Activation('sigmoid'))
```

5）再次使用 SGD 作为优化方法来训练我们的神经网络：

```
sgd = SGD(lr=0.1)
```

6）然后，编译神经网络，指定使用 MSE 作为损失函数：

```
model.compile(loss='mse', optimizer=sgd)
```

7）作为最后一步，我们训练网络，但是这次我们不在乎批次大小，运行 2 个 epoch：

```
model.fit(train_x[['x1', 'x2']], train_y,batch_size=1, epochs=2)
```

8）像往常一样，我们在测试集对 MSE 进行测量：

```
pred = model.predict_proba(test_x)

print('NSE: ',mean_squared_error(test_y, pred))
```

2.4.2 TensorBoard

上述示例简单地说明了如何通过神经网络解决简单的非线性问题。它真的很简单。

在现实生活中，我们的问题将更有挑战性。我们不得不运行多个实验并调试我们的网络，仅使用屏幕上 Keras 打印的信息是不够的。幸运的是，Keras 和 TensorFlow 带有特定的工具来帮助我们可视化和了解网络。接下来，我们将看到如何使用 TensorBoard。TensorBoard 是一套可视化工具，可用于绘制神经网络有关的定量指标。也可以使用它来可视化其他数据，例如图像。

2.4.3 XOR 问题中的 TensorBoard

TensorBoard 默认情况下随 TensorFlow 一起使用，因此要启动 TensorBoard，我们只需要在打开的控制台输入保存网络代码的位置即可：

```
tensorboard --logdir ../logs
```

我们将在屏幕上看到一个 URL，可以通过它访问 TensorBoard 服务器。如果你遵循上述说明，URL 应为 http://localhost:6006/。它将读取 `logs` 文件夹中的文件，它可能暂时是空的，无法看到任何信息。

开始记录前，我们必须修改先前编写的代码。这里将使用函数。

回调只是在训练过程的给定阶段应用的一组函数。在训练过程中，我们可以使用它们来查看模型的内部状态和统计信息。要定义回调，我们需要运行以下命令：

```
from keras.callbacks import Tensorboard
```

然后，我们可以将回调列表（作为关键字参数）传递给 `Sequential` 和 `Model` 类中的 `fit` 方法。之后，在训练的每个阶段调用回调。

我们可以添加一个回调，显示模型的图：

```
basedir = '..'

logs = os.path.join(basedir, 'logs')

tbCallBack = TensorBoard(
    log_dir=logs, histogram_freq=0, write_graph=True,
    write_images=True)

callbacks_list = [tbCallBack]
```

先前编写的代码唯一需要更改的就是训练调用。它需要一个回调列表，以便可以在每个 epoch 结束时执行：

```
model.fit(train_x[['x1', 'x2']], train_y, batch_size=1, epochs=10,
callbacks=callbacks_list)
```

请注意，为了分析更多的数据，我们增加了 epoch 的数量。

现在，如果重新加载 TensorBoard 页面，我们将能够看到以下两个东西：

- ❑ 我们的网络图
- ❑ 损失在每个 epoch 中如何演变

让我们在以下 TensorBoard 页面上查看前面的内容（见图 2-17）。

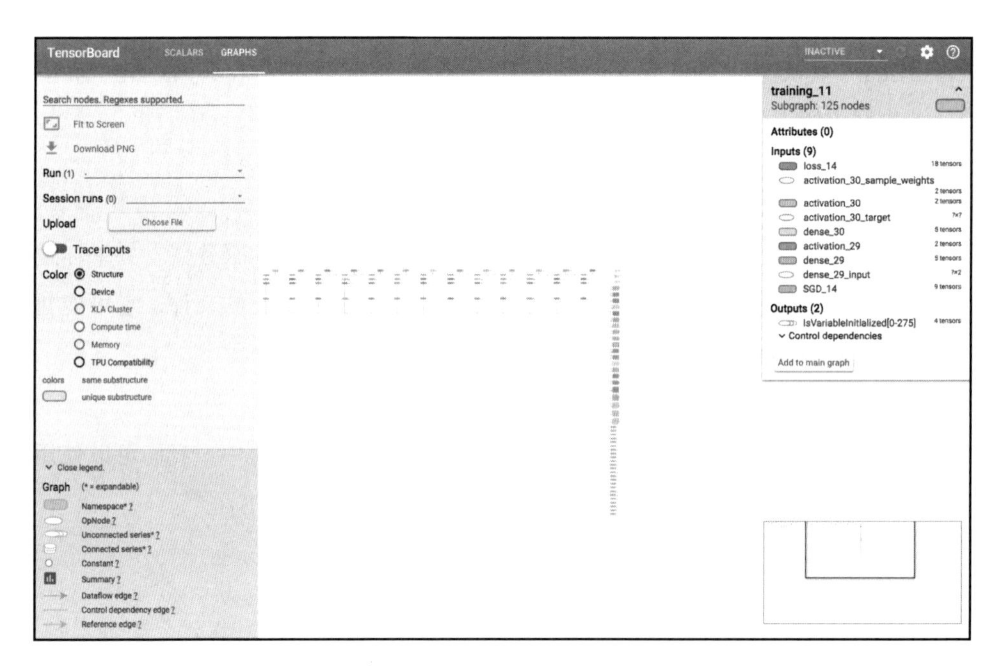

图 2-17

使用 TensorBoard，可以可视化张量图及其计算从而查看潜在的瓶颈并优化性能（见图 2-18）。

训练复杂的网络可能会持续数天甚至数周。在此期间，可能多个方面会出错，例如：机器内存不足或者硬件、电气故障。为了保护我们的工作，我们希望有一种方法可以保存当前的训练状态，以便以后可以重新打开。幸运的是，网络状态基本上就是连接神经元的权重。因此，保存训练状态很容易。要在训练期间以编程方式做到这一点，我们将再次使用回调，也就是使用称为 checkpoint 的东西：

```
filepath = "checkpoint-{epoch:02d}-{acc:.2f}.hdf5"

checkpoint = ModelCheckpoint(
    filepath, monitor='accuracy', verbose=1, save_best_only=False,
mode='max')
```

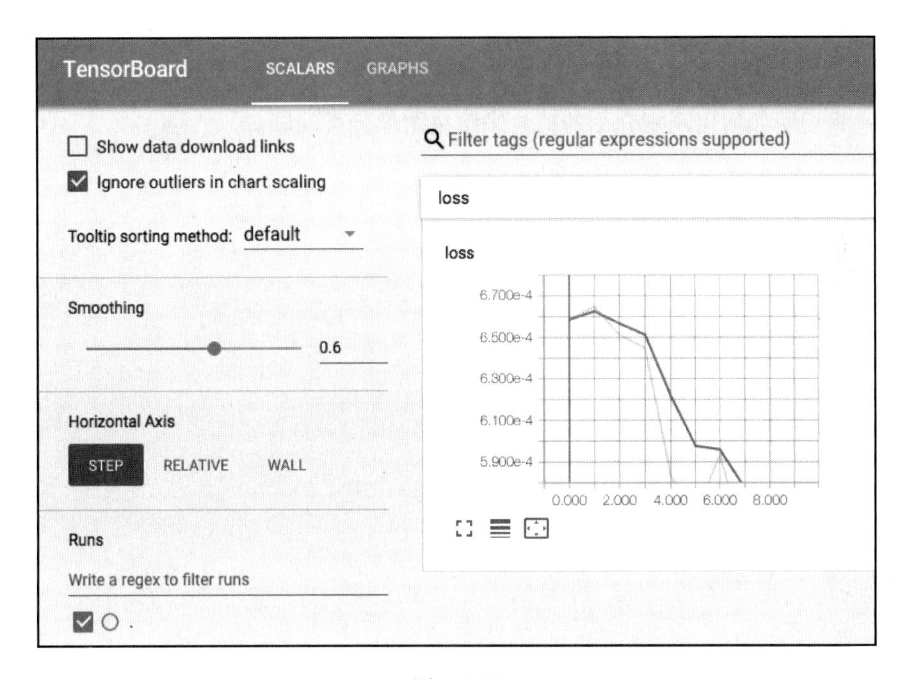

图 2-18

现在，将其添加到回调中，我们可以告诉 Keras 来监控准确度，这需要将其作为指标添加：

```
callbacks_list = [tbCallBack, checkpoint]

model.compile(loss='mse', optimizer=sgd, metrics=['accuracy'])
```

同样，在我们拟合模型之后，它将给我们返回一个对象，其中包含所有历史记录，每个 epoch 的训练损失值和指标值的记录：

```
history = model.fit(train_x[['x1', 'x2']], train_y, batch_size=1,
epochs=10, callbacks=callbacks_list)
```

2.5 总结

本章介绍了感知器的概念以及如何用感知器解决线性问题。我们探索了更新模型参数的不同方法，并且看到了如何使用 Keras 从头开始实现感知器。然后，我们将神经网络介绍为一组理论上能够近似任何函数的连接神经元。我们看到了一些不同的激活函数，并讨论了它们的优缺点。我们还看到了如何从头开始创建一个简单的网络，以及如何使用 Keras 来完成。

第 3 章将说明如何用刚刚介绍的概念来解决图像分类问题。

第二部分 Part 2

深度学习应用

在第二部分中，我们将学习深度学习方法的具体应用。特别是，我们将专注于计算机视觉和自然语言处理（NLP）两个领域。

Chapter 3 第 3 章

基于卷积神经网络的图像处理

第 2 章中，我们学习了如何使用全连接神经网络去近似非线性函数。这些类型的网络都面临一个主要问题——需要学习的参数太多，这不仅会增加计算时间，还会提升数据过拟合的概率。当我们的模型不能泛化训练数据之外的数据时，会产生过拟合现象，从而导致在新的输入上表现不佳。这是相当危险的，因为你可能将模型投入生产后才意识到过拟合。

有许多不同的神经网络架构可以解决这个问题，其中卷积神经网络（CNN）是计算机视觉领域中最常见的一种。

3.1 理解卷积神经网络

在实际应用中使用前馈全连接神经网络会产生一个问题，即我们试图解决的问题（如图像问题）的输入会非常大。考虑一个尺寸为 100 × 100 像素的简单图像，仅第一个隐藏层中的每个神经元就有 10 000 个权重。随着图像数据变大，输入增加，显而易见，这将迅速成为一个大问题。

CNN 是一种网络架构，它使用输入数据的某些属性来减少连接不同网络层所需的连接数量。特别是，CNN 依赖于具有很强的空间相关性的输入数据，这意味着相关的特征会离得较近，不相关的特性会离得较远。该属性是图像的典型特征，通常你的任务是去识别和分类一幅较为宽泛的图像的某个子部分。例如在一幅宽泛的图像中识别一个人，所有与该任务相关的特征将位于同一区域。CNN 还可以用于其他任务，例如语音分析。如我们之前提到的，一般来说，如果你发现当前所研究的问题的特征空间相关性较高，则可以考虑使用 CNN。

CNN 的灵感来自神经元之间的连接模式，类似于视觉皮层。单个神经元只对视野中有限区域（称为感受野）内的视觉刺激做出反应，不同神经元的感受野是有部分重叠的，从而覆盖整个视野。

顾名思义，卷积是 CNN 中最重要的运算。CNN 是一种前馈神经网络（FFNN），通常由以下几层组成：

- 输入层
- 卷积层
- 激活层
- 池化层
- 归一化层
- 全连接层
- 输出层

现在将学习这些概念背后的理论，以及如何在 Keras 中编写它们。我们已经讨论过激活函数，因此在这里不再赘述，接下来我们将详细讨论每一层。

输入数据

在 CNN 中，输入的数据具有高度空间相关性。以一幅图像为例，任何图像的数字表示都是一个像素矩阵，每个像素表示图像中的一个点，对于黑白图像而言是一个数字。例如，我们使用一个 8 位二进制数（一个字节）表示，则值在 0 ~ 255 之间（见图 3-1）。因为我们的机器将使用二进制表示形式，所以将有 2^8 个可能的值。

上述例子只是所有可以运用 CNN 解决的任务之一。通常，CNN 非常擅长处理具有高度空间相关性的输入，这些问题必须具有类似网格的拓扑。其他示例包括视频、推荐系统，甚至时间序列等，因为它们都可以被视为一维网格。

CNN 的优点之一是它可以处理所有不适合传统表格形式的输入，例如大小不同的输入，这是因为卷积运算一次只处理一部分输入。CNN 会不断重复应用卷积核到图像分块的卷积运算过程，其所需重复的次数完全取决于输入的大小，我们可以将其视为输入和核之间的多重矩阵乘法。

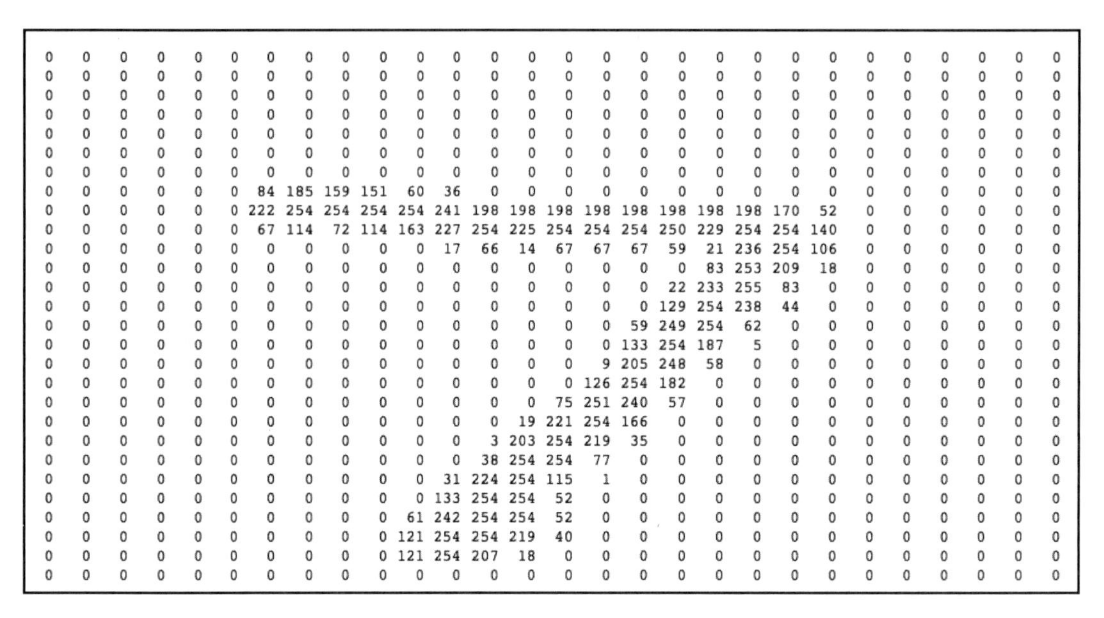

0	0	0	0	0	0	0	0	0	0	0	0	0	0	0	0	0	0	0	0	0	0	0	0	0	0	0	0
0	0	0	0	0	0	0	0	0	0	0	0	0	0	0	0	0	0	0	0	0	0	0	0	0	0	0	0
0	0	0	0	0	0	0	0	0	0	0	0	0	0	0	0	0	0	0	0	0	0	0	0	0	0	0	0
0	0	0	0	0	0	0	0	0	0	0	0	0	0	0	0	0	0	0	0	0	0	0	0	0	0	0	0
0	0	0	0	0	0	0	0	0	0	0	0	0	0	0	0	0	0	0	0	0	0	0	0	0	0	0	0
0	0	0	0	0	0	0	0	0	0	0	0	0	0	0	0	0	0	0	0	0	0	0	0	0	0	0	0
0	0	0	0	0	0	0	0	0	0	0	0	0	0	0	0	0	0	0	0	0	0	0	0	0	0	0	0
0	0	0	0	0	0	84	185	159	151	60	36	0	0	0	0	0	0	0	0	0	0	0	0	0	0	0	0
0	0	0	0	0	0	222	254	254	254	254	241	198	198	198	198	198	198	198	198	170	52	0	0	0	0	0	0
0	0	0	0	0	0	67	114	72	114	163	227	254	225	254	254	254	250	229	254	254	140	0	0	0	0	0	0
0	0	0	0	0	0	0	0	0	0	0	17	66	14	67	67	67	59	21	236	254	106	0	0	0	0	0	0
0	0	0	0	0	0	0	0	0	0	0	0	0	0	0	0	0	0	83	253	209	18	0	0	0	0	0	0
0	0	0	0	0	0	0	0	0	0	0	0	0	0	0	0	0	22	233	255	83	0	0	0	0	0	0	0
0	0	0	0	0	0	0	0	0	0	0	0	0	0	0	0	0	129	254	238	44	0	0	0	0	0	0	0
0	0	0	0	0	0	0	0	0	0	0	0	0	0	0	0	59	249	254	62	0	0	0	0	0	0	0	0
0	0	0	0	0	0	0	0	0	0	0	0	0	0	0	0	133	254	187	5	0	0	0	0	0	0	0	0
0	0	0	0	0	0	0	0	0	0	0	0	0	0	0	9	205	248	58	0	0	0	0	0	0	0	0	0
0	0	0	0	0	0	0	0	0	0	0	0	0	0	0	126	254	182	0	0	0	0	0	0	0	0	0	0
0	0	0	0	0	0	0	0	0	0	0	0	0	0	75	251	240	57	0	0	0	0	0	0	0	0	0	0
0	0	0	0	0	0	0	0	0	0	0	0	0	19	221	254	166	0	0	0	0	0	0	0	0	0	0	0
0	0	0	0	0	0	0	0	0	0	0	0	3	203	254	219	35	0	0	0	0	0	0	0	0	0	0	0
0	0	0	0	0	0	0	0	0	0	0	0	38	254	254	77	0	0	0	0	0	0	0	0	0	0	0	0
0	0	0	0	0	0	0	0	0	0	0	31	224	254	115	1	0	0	0	0	0	0	0	0	0	0	0	0
0	0	0	0	0	0	0	0	0	0	0	133	254	254	52	0	0	0	0	0	0	0	0	0	0	0	0	0
0	0	0	0	0	0	0	0	0	0	61	242	254	254	52	0	0	0	0	0	0	0	0	0	0	0	0	0
0	0	0	0	0	0	0	0	0	0	121	254	254	219	40	0	0	0	0	0	0	0	0	0	0	0	0	0
0	0	0	0	0	0	0	0	0	0	121	254	207	18	0	0	0	0	0	0	0	0	0	0	0	0	0	0
0	0	0	0	0	0	0	0	0	0	0	0	0	0	0	0	0	0	0	0	0	0	0	0	0	0	0	0

图 3-1　来自 MNIST 数据集的图，图中可以识别手写数字 7

3.2　卷积层

卷积是信号处理中的一种典型运算，它表示两个函数如何相互修改并创建第三个函数。卷积层实际上是在实现一种自相关运算，但在我们的例子中卷积和自相关是相同的，因为它们可以通过简单的旋转操作互换。

我们将输入称为 x，通过的权重集为 w，输出信号为 s，时间为 t。我们希望对最近的输入赋予更高的重要性，因此将使用函数 $w(a)$ 定义权重，a 是用于步幅的测度。卷积运算是将信号 s 与权重集组合的过程，也称为核。由于我们处理的数据来自真实的应用程序，而不只是匹配抽象，所以时间必须是离散的。在数学上，卷积的定义如下：

$$s(t)=(x*w)(t)=\sum_{a=-\infty}^{\infty}x(a)w(t-a)$$

在深度学习中，我们所说的输入通常是一个矩阵，权重集也是如此。因此，我们只需要计算有限项集合的总和。大多数实现不使用卷积运算，而是首选互相关。这两种运算对于我们这里而言没有区别，只需在卷积中翻转核即可，这意味着你需要将核旋转 180 度（见图 3-2）。

输入

1	2	3
4	5	6
7	8	9

核

1	2	1
0	0	0
–1	–2	–1

倒置核

–1	–2	–1
0	0	0
1	2	1

图 3-2　核旋转

和以前一样，我们的训练目标是找到一组权重，在这个例子中是核。在 CNN 中，卷积从来都不是单独使用的，而是与其他运算一起使用（见图 3-3）。

Input			Kernell	
a	b	c	w11	w12
d	e	f	w21	w22
g	h	i		
aw11+bw12+dw21+ew22	bw11+cw12+ew21+fw22			

图 3-3　相关计算示例

通常，CNN 具有稀疏权重，也称为稀疏连接，这意味着每层之间只有很少的连接。

有一种方法可以减少网络中的参数数量，并减少训练和使用网络所需的计算负载。这可以通过使核的大小远远小于输入的大小实现，输入的大小是可以调小的。

通过图 3-4 可以看出，该方法在计算方面做出了非常大的改进。

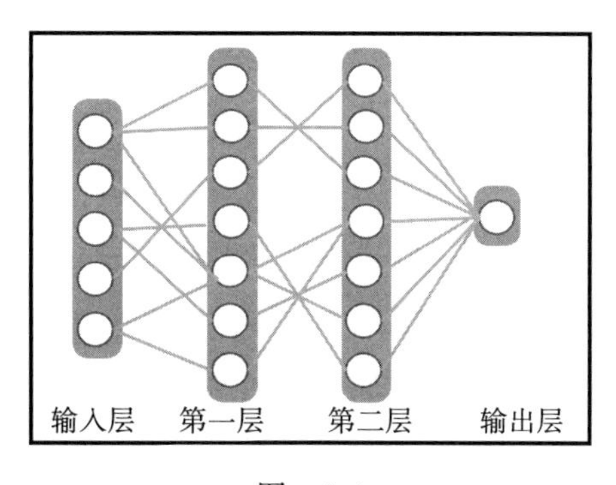

图　3-4

该方法的另一优势是权重共享。以图像检测问题为例，我们知道，要识别一个物体，算法应该专注于图像的特定特征，比如边缘。数据的这种特性已经被利用了很多年，而且用不同的方法提供特征的各种算法，也明确地旨在识别这些特性。

为了达到相同的目的，CNN 会使用不同的核来计算多个卷积，这些也称为过滤器。过滤器通常很小，例如用于彩色图像的过滤器的大小是 $5\times5\times3$ 像素，并且每一层都有许多这样的过滤器。我们将在每个过滤器和上一层的输出之间应用卷积，形成点积。与前面解释的 FFNN 过程不同的是滑动部分，过滤器会在整个输入集移动，而移动之前，只有一组权重。如图 3-5 所示。

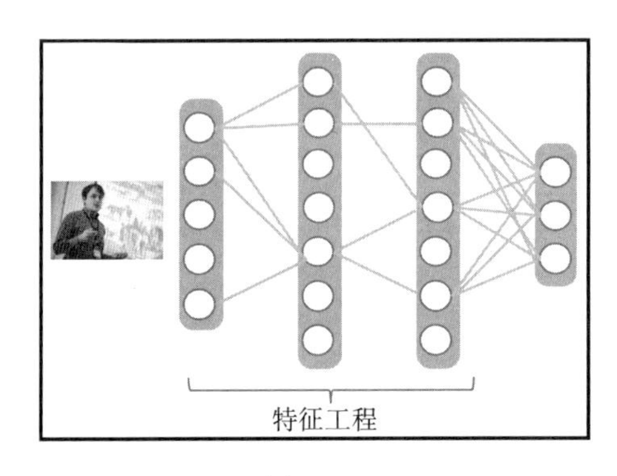

图 3-5

这样，每个过滤器都被训练以识别某一特定的特征。离输入越近，特征越简单（如方向和颜色），而离输出越近，特征就会越复杂（如最后一层中的过滤器可以检测出车轮状图案）。每个过滤器将生成一个二维激活映射，对这些过滤器进行点乘操作，将产生检测特征输出卷。

有时，权重共享不一定是获得良好预测性能的最佳方法。当我们期望特征是图像的一部分，且可以位于输入中的任何位置时，权重共享才是有意义的，但有时一些特征必须非常具体。以面部识别为例，我们要使用一些非常独特的形状（比如眼睛的形状）来区分。

目前已经完成了该过程的第一阶段，卷积创建了一组可以线性激活的过滤器。然后，这组过滤器将作为非线性函数的输入，非线性函数通常是第 2 章中看到的修正线性单元（ReLU）函数。这是实际检测的附加阶段，因此这一阶段也被称为 detector 阶段。

现在让我们看一个更直观的示例。我们有两个矩阵，第一个是一幅较大图像的一部分，第二个是我们正在使用它来进行卷积的过滤器。两个矩阵之间的卷积如图 3-6 所示。

在这个例子中，两个矩阵之间的卷积的数会很大，因为两个矩阵的形状非常相似。这意味着过滤器可以识别图像的特征，因此它将让信号通过。

0	0	0	0	0	40	40
0	0	0	0	80	40	40
0	0	0	90	80	0	0
0	0	90	80	0	0	0
0	0	90	90	0	0	0
0	0	90	80	0	0	0
0	0	90	80	0	0	0

a) 该矩阵为一幅较大图像的部分

0	0	0	0	0	10	0
0	0	0	0	30	0	0
0	0	0	30	0	0	0
0	0	0	30	0	0	0
0	0	0	30	0	0	0
0	0	0	30	0	0	0
0	0	0	0	0	0	0

b) 该矩阵是我们用来对另外一个矩阵进行卷积的过滤器

图　3-6

3.2.1　池化层

卷积层之间通常会周期性地存在一个池化层，我们可以将池化层视为对输入进行采样并逐渐降维的一种方式。这有助于防止过拟合，因为需要学习的参数量会变少，而且还有助于降低所需的计算能力。此外，这也有助于保持输入中的平移不变性。

1. 步幅

步幅（stride）是每次使用卷积核卷积后移动权重的单元数。步幅必须大于 1，其值通常在 1 ~ 2 之间。在我们的任务中，我们知道相邻像素间是高度相关的。因此，步幅太大会导致大量信息丢失。正如我们所说的，卷积的不同之处是在于我们将权重转移到输入上。为此，我们隐式地假定每次将权重移动 1 个像素，但没有人能保证这是最好的处理办法。这实际上是我们网络的一个参数——步幅。我们通常会为池化层选择一个大小为 2 的步幅和大小为 2 × 2 的核，对于不同的方向可以定义不同的步幅，在矩阵中向左或向下移动。

2. 最大池化

最大池化（max pooling）是一个简单的运算，计算过程中使用核并仅保留核覆盖的输入区域的最大值。最大池化是最流行的池化方式，因为实践证明其效果比其他池化形式（如平均池化（average pooling）和 L2 范数池化（L2-norm pooling））更好。通常将一个 2 × 2 的过滤器和大小为 2 的步幅一起使用，如图 3-7 所示。

这个运算可以有效实现图像下采样，正如我们所说的，有助于防止过拟合（见图 3-8）。

图 3-9 是一个下采样的很好示例。

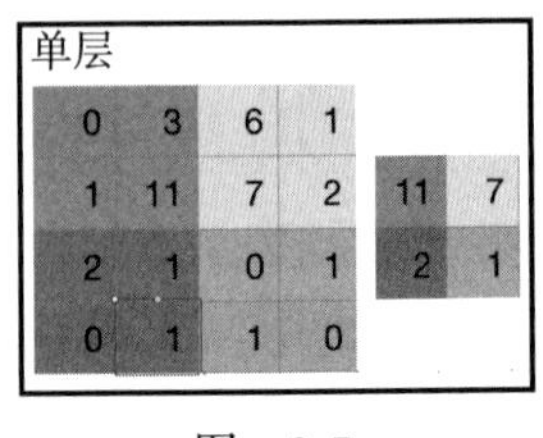

图 3-7

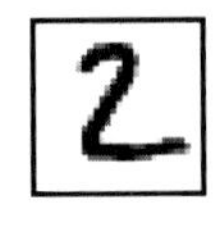

图 3-8

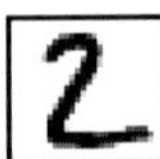

图 3-9 最大池化有效地完成下采样

3. 零填充

使用卷积和池化时会面临的问题之一是会缩小正在处理的信号的大小。而深度网络具有数十层，所以我们不可能使用深度网络。而从实际操作中我们知道，最佳结果往往是通过大量数据和非常深的网络获得的。因此，找到一种在整个网络层中保持信号大小的方法非常重要。

零填充是一种人为增加信号大小的简单运算，它只在信号周围添加零值并且不影响最大池化运算，因为网络中的任何数字都肯定会大于或等于零，但它会增加输出的大小，如图 3-10 所示。

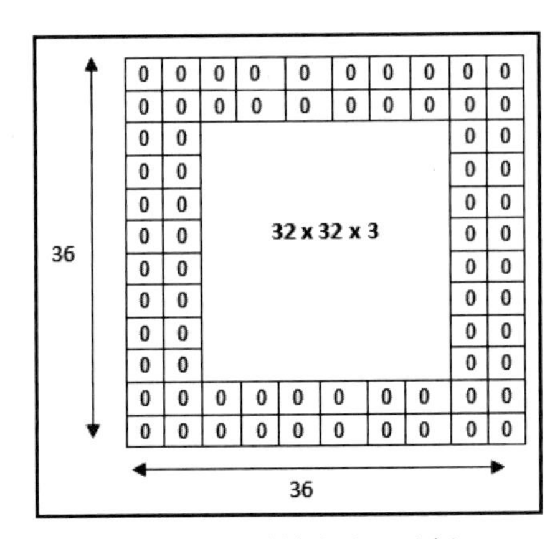

图 3-10 零填充处理示例

填充的大小、核的大小以及步幅，将决定输出的大小。

如果用：

- W 和 H 分别代表输入的宽和高
- F_w 和 F_h 代表过滤器的宽和高
- P 代表填充大小
- S_w 和 S_h 代表沿宽度和高度维度的步幅

则下面的方程式可以计算卷积输出的精确大小：

$$outputwidth = \frac{W - F_w + 2P}{S_w} + 1$$

$$outputwidth = \frac{H - F_h + 2P}{S_h} + 1$$

3.2.2　丢弃层

丢弃层的功能是减少过拟合对运算的影响。在网络中，由于大量权重和网络训练时的多次输入，过拟合成为主要问题，因此现在有很多技术用于改善这一问题。丢弃背后的想法很简单且稍有偏激。它是通过随机将一些激活函数设置为零，即术语“丢弃”。我们在训练网络对输入进行正确分类时，会强迫网络生成一些冗余，冗余部分位于最重要的特征上，在过于具体的特征上留给网络更少的空间，让其更不容易泛化。需要注意的是，“丢弃”必须只能在训练期间进行，因为在网络训练好后，我们希望使用所有可用的信息。

3.2.3　归一化层

归一化层用于归一化前一批次数据的激活函数。例如，保证激活函数平均值接近于 0，标准差接近于 1。

在 `keras` 中，如果后面的层是非线性的，则归一化层支持多个参数，如动量（momentum）和比例（scale）。

3.2.4　输出层

到目前为止，我们的预测要么是一组类的概率，要么是一个值，所以我们只看到了简单的输出。CNN 可以产生更复杂的输出，例如一个高维对象。它们可以提供每个输入像素属于某一特定类别的概率，此功能允许 CNN 围绕预测对象生成掩码，甚至可以映射图像的哪个部分有助于增加其输出为某个分类的概率。这个过程的问题是输出图像往往远小于输入图像。

CNN 最常见的输出有一个固定的大小（如概率向量）。有时，输出大小也可以不固定，跟输入一样。例如当我们想要标记输入的各单个像素时。

输出取决于任务本身，CNN 可以用于各种任务。我们将特别关注图像领域。CNN 的常见任务之一是图像分类（或识别），它包括在一个包含我们分类对象的特定区域里确定包含的什么。

在图像检测问题上，我们不知道有多少对象，所以我们不仅需要识别对象，还要在图像中定位它。

对象检测任务是检测我们图像中的预定义对象，目标是在我们检测到的对象周围画一个方框。所以这不仅仅是简单的对象识别，可能通过检测对象的一些特征就可以完成。我们还需要识别对象自身的边界，这当然会使任务变得更复杂。区域卷积神经网络（Region-CNN, R-CNN）和 You Only Look Once（YOLO）算法即可解决此问题。R-CNN 算法首先会查看图像区域内的颜色和其他视觉相似性，产生数千个建议边界框，然后再使用 CNN 进行图像分类，最后使用回归细化每一个边界框。

这种方法最主要的问题是速度和计算成本，因为它们需要把图像分解为几个部分之后再加以分析。

另一个框架“YOLO”正如其全名“你只用看一次”所示，它将分析整个图像。它先将图像分割成一个 $S \times S$ 网格，并对每个方块进行图像分类和定位。然后，再取 m 个框和一个 CNN 来预测框的边界。

CNN 还可用于对象分类、图像生成和视觉问答等。CNN 的另一个应用是风格迁移，将在第 5 章详细讨论。风格迁移包括抽取图像风格并将其应用到其他图像。

3.3 Keras 中的卷积神经网络

为展示卷积神经网络（CNN）架构，我们选用一个经典分类问题：MNIST 数据集分类。MNIST 数据集是一组手写数字，由 60 000 个训练数据点和 10 000 个测试数据点组成。

Keras 提供随时可用的数据集，其中包括 MNIST 数据集。图像的分辨率仅为 28 × 28 像素，且是黑白的，因此训练网络的计算成本相对较低。

我们将说明如何在 Keras 中使用 MNIST 数据集，创建 CNN 解决分类任务并且达到与人相似的能力。

3.3.1 加载数据

首先，我们需要加载数据和构建网络需要的库。我们决定只训练 2 个 epoch，因为其性能已经很好了。当然，也可以通过增加 epoch 数进一步提升其性能。

```
import keras
from keras.datasets import mnist
from keras.models import Sequential
from keras.layers import Dense, Dropout, Flatten, Conv2D, MaxPooling2D

batch_size = 128
epochs = 2

# We know we have 10 classes
# which are the digits from 0-9
num_classes = 10

# the data, split between train and test sets
(X_train, y_train), (X_test, y_test) = mnist.load_data()
```

接下来，转换数据以适合我们的网络，并缩放我们先前看到的图像：

```
# the data, split between train and test sets
(X_train, y_train), (X_test, y_test) = mnist.load_data()

# input image dimensions
img_rows, img_cols = X_train[0].shape

# Reshaping the data to use it in our network
X_train = X_train.reshape(X_train.shape[0], img_rows, img_cols, 1)
X_test = X_test.reshape(X_test.shape[0], img_rows, img_cols, 1)
input_shape = (img_rows, img_cols, 1)

# Scaling the data
X_train = X_train / 255.0
X_test = X_test / 255.0
```

检查其中一个数据点：

```
import numpy as np
from matplotlib import pyplot as plt
plt.imshow(X_test[1][..., 0], cmap='Greys')
plt.axis('off')
plt.show()
```

产生图 3-11 所示图像。

图　3-11

3.3.2 创建模型

现在，让我们看下如何为图像识别问题创建一个简单模型。我们仍使用顺序模型，并添加具有 ReLU 激活函数的几个卷积层。还将使用一个丢弃层随机删除 25% 的连接，并最终丢弃 30% 的连接：

```
model = Sequential()
model.add(Conv2D(32, kernel_size=(3, 3),
                 activation='relu',
                 input_shape=input_shape))
model.add(Conv2D(32, (3, 3), activation='relu'))
model.add(MaxPooling2D(pool_size=(2, 2)))
model.add(Dropout(0.25))
model.add(Flatten())
model.add(Dense(128, activation='relu'))
model.add(Dropout(0.3))
model.add(Dense(num_classes, activation='softmax'))
```

处理一个多分类问题时，我们可以使用分类交叉熵损失函数：

```
loss = 'categorical_crossentropy'
optimizer = 'adam'

model.compile(
    loss=loss, optimizer=optimizer, metrics=['accuracy'])
```

最后拟合模型，并在测试集中评估其性能：

```
model.fit(X_train, y_train,
          batch_size=batch_size,
          epochs=epochs,
          verbose=1,
          validation_data=(X_test, y_test))
score = model.evaluate(X_test, y_test, verbose=0)

print(f'Test loss: { score[0]} - Test accuracy: {score[1]}')
```

仅经过 2 个 epoch 后，输出非常好，其准确度为 0.9775：

```
60000/60000 [==============================] - 90s 1ms/step - loss: 0.3057
- acc: 0.9082 - val_loss: 0.0688 - val_acc: 0.9775
```

3.3.3 网络配置

到目前为止，我们还没有讨论如何为网络找到最佳参数。对简单的算法（例如决策树）而言，找到最佳参数并不是很难。在这种情况下，主要策略是网格搜索（grid search），这种技术非常简单，即用户为每个参数设置一组可能的值，然后尝试所有可能的组合。

尽管没有网络配置的标准规则，但我们知道每增加一层都会使网络能够捕捉更多的非线性。

其中重要的一步是选择过滤器的数量及维度。这可以使用网格搜索来确定，让我们来看看如何在 keras 中实现它：

```
import keras
from keras.datasets import mnist
from keras.models import Sequential
from keras.layers import Dense, Dropout, Flatten, Conv2D, MaxPooling2D
import itertools
import os

batch_size = 512
num_classes = 10
epochs = 1
N_SAMPLES = 30_000

model_directory = 'models'

# the data, split between train and test sets
(X_train, y_train), (X_test, y_test) = mnist.load_data()

# input image dimensions
img_rows, img_cols = X_train[0].shape

# Reshaping the data to use it in our network
X_train = X_train.reshape(X_train.shape[0], img_rows, img_cols, 1)
X_test = X_test.reshape(X_test.shape[0], img_rows, img_cols, 1)

input_shape = (img_rows, img_cols, 1)

# Scaling the data
X_train = X_train / 255.0
X_test = X_test / 255.0

# convert class vectors to binary class matrices
y_train = keras.utils.to_categorical(y_train, num_classes)
y_test = keras.utils.to_categorical(y_test, num_classes)
```

我们将对数据进行抽样以减少计算时间，并且将测试过滤器数量和卷积核大小的一些不同选项：

```
loss = 'categorical_crossentropy'
optimizer = 'adam'

X_train = X_train[:N_SAMPLES]
X_test = X_test[:N_SAMPLES]
y_train = y_train[:N_SAMPLES]
y_test = y_test[:N_SAMPLES]

filters = [4, 8, 16]
kernal_sizes = [(2, 2), (4, 4), (16, 16)]
```

一种简单的策略是遍历可能的配置。那么可以使用 itertools 库创建所有可能的配置：

```
config = itertools.product(filters, kernal_sizes)
```

现在，我们将遍历配置，创建一个非常简单的网络，并查看哪个配置性能最佳：

```
for n_filters, kernel_size in config:
 model_name = 'single_f_' + str(n_filters) + '_k_' + str(kernel_size)
```

我们仍使用顺序模型，并添加一个 Conv2D 层。该层计算输入和过滤器之间的二维卷积。它接受过滤器的数量作为初始化函数的第一个参数，并且也可以使用 activation 参数指定一个激活函数。

压平（flatten）层的功能是从任何输入创建一个一维向量，并且需要在稠密层（全连接层）之前。稠密层不考虑局部块，而是使所有神经元相互连接，这就是我们要压平数组的原因。该层还接受一个 data_format 参数。它很简单，根据指定的数据格式重新排序输入的维度。如果我们指定 channel_first，压平层将期望 channel 是前面的第一个维度；指定 channel_last（这是默认情况），期望会相反。

正如我们之前所说，最后一层是分类真正发生的层，而其他所有层都在创建最后一层要使用的特征。

当处理多类分类任务时，需要在最后一层使用 softmax 激活函数，它将为我们提供概率分布：

```
model = Sequential(name=model_name)
model.add(
    Conv2D(
        n_filters,
        kernel_size=kernel_size,
        activation='relu',
        input_shape=input_shape))
model.add(Flatten())
model.add(Dense(num_classes, activation='softmax'))
model.compile(loss=loss, optimizer=optimizer, metrics=['accuracy'])

model.fit(
    X_train,
    y_train,
    batch_size=batch_size,
    epochs=epochs,
    verbose=1,
    validation_data=(X_test, y_test))
score = model.evaluate(X_test, y_test, verbose=0)
```

```
# print(f'{model_name} Test loss: { score[0]} - Test accuracy: {score[1]}')
    print(model_name, 'Test loss:', score[0], 'Test accuracy:', score[1])

    model_path = os.path.join(model_directory, model_name)
    model.save(model_path)
```

然后，创建网络时，可以减少获得类似性能所需的神经元数量。

3.4 Keras 表情识别

现在我们来看一个更复杂的问题：从人脸图片中识别面部表情。为此，我们将使用 Facial Expression Recognition（FER）2013 数据集。这是一个具有挑战性的任务，因为有许多图像贴错了标签，有些没有很好地居中，还有一些甚至不是人脸。到本书写作时为止，文献中有记载的在 FER 2013 数据集中从零开始训练的 CNN 的准确度要低于 75%。

FER 2013 数据集以 CSV 格式文件提供，但因为我们想展示另一种读取数据的方法，我们将其转换为图像集合，以便更易于检测数据集。

```
#!/usr/bin/env python
# coding: utf-8

import os
import pandas as pd
from PIL import Image

# Pixel values range from 0 to 255 (0 is normally black and 255 is white)
basedir = os.path.join('..', 'data', 'raw')
file_origin = os.path.join(basedir, 'fer2013.csv')
data_raw = pd.read_csv(file_origin)

data_input = pd.DataFrame(data_raw, columns=['emotion', 'pixels', 'Usage'])
data_input.rename({'Usage': 'usage'}, inplace=True)
data_input.head()

label_map = {
    0: '0_Anger',
    1: '1_Disgust',
    2: '2_Fear',
    3: '3_Happy',
    6: '4_Neutral',
    4: '5_Sad',
    5: '6_Surprise'
}

# Creating the folders
output_folders = data_input['Usage'].unique().tolist()
all_folders = []
```

```
for folder in output_folders:
    for label in label_map:
        all_folders.append(os.path.join(basedir, folder, label_map[label]))

for folder in all_folders:
    if not os.path.exists(folder):
        os.makedirs(folder)
    else:
        print('Folder {} exists already'.format(folder))

counter_error = 0
counter_correct = 0


def save_image(np_array_flat, file_name):
    try:
        im = Image.fromarray(np_array_flat)
        im.save(file_name)
    except AttributeError as e:
        print(e)
        return

for folder in all_folders:

    emotion = folder.split('/')[-1]
    usage = folder.split('/')[-2]

    for key, value in label_map.items():
        if value == emotion:
            emotion_id = key
    df_to_save = data_input.reset_index()[data_input.Usage == usage][
        data_input.emotion == emotion_id]
    print('saving in: ', folder, ' size: ', df_to_save.shape)
    df_to_save['image'] = df_to_save.pixels.apply(to_image)
    df_to_save['file_name'] = folder + '/image_' + df_to_save.index.map(
        str) + '_' + df_to_save.emotion.apply(
        str) + '-' + df_to_save.emotion.apply(
        lambda x: label_map[x]) + '.png'
    df_to_save[['image', 'file_name']].apply(
        lambda x: save_image(x.image, x.file_name), axis=1)
    df_to_save.apply(lambda x: save_image(x.pixels, os.path.join(basedir,
x.file_name)), axis=1)
```

图像是黑白的，因此我们只有一个颜色通道，其分辨率为 48×48 像素。因此，矩阵维度为 $48 \times 48 \times 1$。

训练集中有 28 000 多张图像，验证集中有 3 000 多张。这些图像被分为七种不同的类别：愤怒（Angry）、厌恶（Disgust）、恐惧（Fear）、快乐（Happy）、中性（Neutral）、悲伤（Sad）和惊奇（Surprise），如图 3-12 所示。

包含图像的文件夹必须遵循精确的结构，以保证能从磁盘读取。

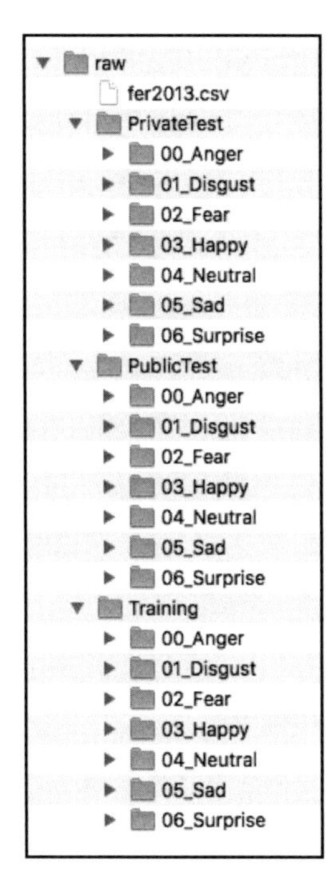

图　3-12

首先导入所有必需的库，如下所示：

```
#!/usr/bin/env python
# coding: utf-8
from keras.preprocessing.image import ImageDataGenerator
from keras.models import Sequential
from keras.layers.convolutional import Convolution2D
from keras.layers.convolutional import MaxPooling2D
from keras.layers import Dense, Dropout, Flatten
from keras.callbacks import ModelCheckpoint, TensorBoard
import os

# To solve a macOS specific issue
os.environ['KMP_DUPLICATE_LIB_OK'] = 'True'
```

现在，让我们设置所需的文件夹结构：

```
basedir = '..'
name = 'layer'
logs = os.path.join(basedir, 'logs')

basedir_data = os.path.join(basedir, 'data', 'espression')
train_feature = os.path.join(basedir, 'data', 'raw', 'Training')
train_target = os.path.join(basedir, 'data', 'raw', 'Training')
test_feature = os.path.join(basedir, 'data', 'raw', 'PrivateTest')

# The following folders need to exist
```

```
train_processed_images = os.path.join(basedir, 'data', 'processed',
'Training')
test_processed_images = os.path.join(basedir, 'data', 'processed',
'PrivateTest')
```

然后定义所有必要的日志和回调函数。我们还将创建一个检查点：

```
# Logs to track the progress
tbCallBack = TensorBoard(
 log_dir=logs, histogram_freq=0, write_graph=True, write_images=True)

filepath = "weights-improvement-{epoch:02d}-{accuracy:.2f}.hdf5"

checkpoint = ModelCheckpoint(
 filepath, monitor='val_acc', verbose=1, save_best_only=True, mode='max')
callbacks_list = [tbCallBack]
```

接着定义脚本的主要变量：

```
_loss = 'categorical_crossentropy'
_optimizer = 'adam'

img_width, img_height = 48, 48
color_channels = 1
img_shape = (img_width, img_height, color_channels)
epochs = 110
batch_size = 512

emotions = {
0: '0_Anger',
1: '1_Disgust',
2: '2_Fear',
3: '3_Happy',
6: '4_Neutral',
4: '5_Sad',
5: '6_Surprise'
}

num_classes = len(emotions)

nb_train_samples = 28698
nb_validation_samples = 3589

n_filters = 32
kernel_size = (5, 5)
pooling_size = (2, 2)

model_name = 'model_nfilters_' + str(n_filters) + '_kernel_size_' +
str(kernel_size)
```

现在，我们可以定义 CNN 的架构。我们将使用一组卷积层、带填充的最大池化，最后使用稠密层。我们还将添加一个丢弃（dropout）层，该层会随机丢弃一定数量的神经元，并且可以指定为参数。这有助于防止过拟合，因为网络会需要创建一些冗余特征，并关注最重要的那些。

```
model = Sequential(name=model_name)
# Feature maps
model.add(Convolution2D(n_filters, kernel_size, padding='same',
 input_shape=img_shape, activation='relu'))
model.add(MaxPooling2D(pool_size=pooling_size, padding='same'))

model.add(Convolution2D(n_filters, kernel_size, activation='relu',
padding='same'))
model.add(MaxPooling2D(pool_size=pooling_size, padding='same'))
model.add(Dropout(0.2))
model.add(Flatten())

model.add(Dense(128, activation='relu'))

model.add(Dense(num_classes, activation='softmax', name='preds'))
# Compile model
model.compile(
 loss='categorical_crossentropy',
 optimizer='adam',
 metrics=['accuracy'])
```

现在，我们来定义数据生成器。在生成器中，我们可以指定一些预处理步骤，例如重新缩放、居中和归一化数据。还可以定义一些参数来更改图像的各个方面。例如，改变图像方向，改变宽度和高度，还可以翻转、缩放和旋转等。这些变换不仅可以增加算法可用的数据量，还会使它对噪声数据更有鲁棒性。

```
train_datagen = ImageDataGenerator(
 rescale=1. / 255,
 shear_range=0.2,
 zoom_range=0.2,
 featurewise_center=True,
 featurewise_std_normalization=True,
 rotation_range=20,
 width_shift_range=0.2,
 height_shift_range=0.2,
 horizontal_flip=True,
)
```

除了重新缩放以外，没有必要在测试集上进行这些变换，所以我们需要定义另一个生成器：

```
test_datagen = ImageDataGenerator(rescale=1. / 255)
```

现在，可以使用 `flow_from_directory` 方法将所有数据集以对深度学习任务有用的预定义结构加载：

```
# Use folders to get data and labels
# Setting the train_generatorand validation_generator to categorical and it
will one-hot encode your classes.
train_generator = train_datagen.flow_from_directory(
 directory=train_feature,
 color_mode='grayscale',
 target_size=(img_width, img_height),
 batch_size=batch_size,
 class_mode='categorical'
 # save_to_dir=train_processed_images
)
validation_generator = test_datagen.flow_from_directory(
 directory=test_feature,
 color_mode='grayscale',
 target_size=(img_width, img_height),
 batch_size=batch_size,
 class_mode='categorical'
 # save_to_dir=test_processed_images
)
```

最后编译模型：

```
model.compile(
 loss=_loss, optimizer=_optimizer, metrics=['accuracy'])

nn_history = model.fit_generator(
 train_generator,
 steps_per_epoch=nb_train_samples // batch_size,
 epochs=epochs,
 validation_data=validation_generator,
 validation_steps=nb_validation_samples // batch_size,
 callbacks=callbacks_list,
 workers=4)

model.save(model.name + ".h5")
```

可以使用变量 `nn_history` 访问训练时的历史，并保存训练模型以备将来使用。

3.5 优化网络

如果现在能确定可以如何改进网络以及过滤器是如何反应的，那将非常棒。直观来讲，可以映射输入像素并了解哪个像素有助于确定某个分类，让我们看到图像的哪些部分误导了模型，以及可以如何改进，能够帮助我们理解为什么模型不能正常工作。

我们将看到如何使用它来进一步改善网络。为了更容易理解和遵循，我们将研究 MNIST 数据集。

让我们从一个显著性图开始，它突出显示了分类上下文中每个像素的重要性，并且可以将其看作图像分割的一种。显著性图将会突出图像中对于分类贡献最大的一些特定区域，如图 3-13 所示。

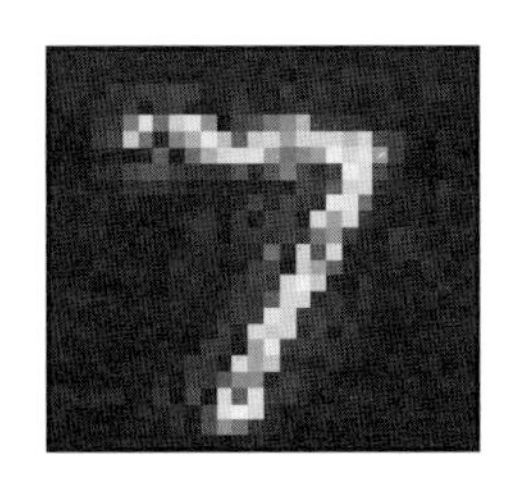

图 3-13　一个数字的显著性图

另外，正如前面所说，过滤器能学习局部模式，因此可以对其进行检测以找出最佳模式。

可以看到，如果一个显著性图没有突出显示正确的部分，这意味着我们将无法轻易分类图像。在图 3-14 中，可以看到来自具有单个卷积层和不同数量的过滤器及卷积核大小的模型的显著性图。

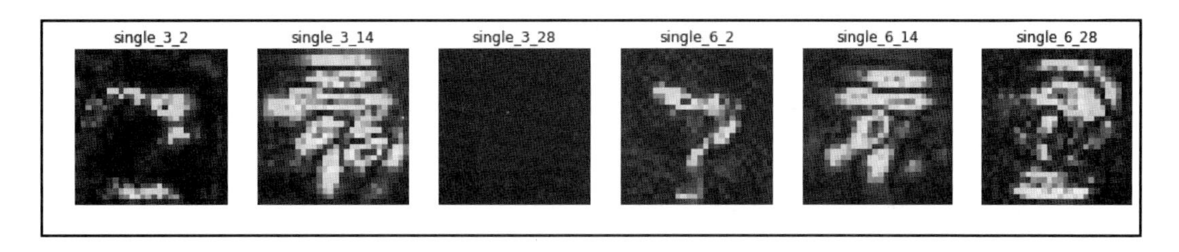

图 3-14　运行良好的模型的显著性图

另外，正如我们之前所说，过滤器会捕获局部特征，因此对它们进行可视化可以帮助查看是否正在捕获有用的信息，例如直线和曲线（见图 3-15）。

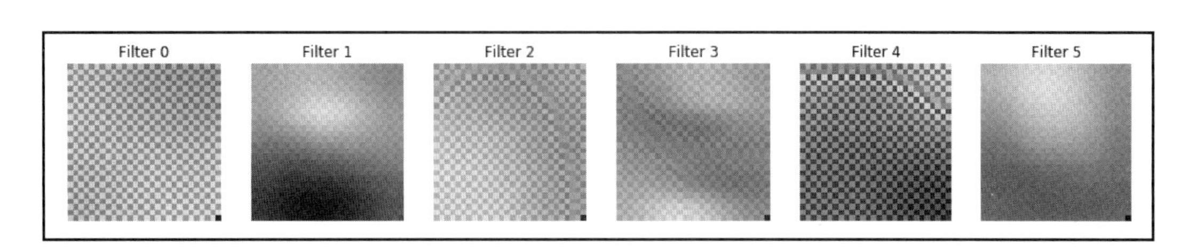

图 3-15　可视化卷积层的过滤器

最后，网络目标是能够泛化一个概念（例如一个特定的手写数字），并能够识别这些概念的大多数。这是我们的大脑自然具备的能力。例如，如果我们思考“椅子”这一概念，我们将会在脑海里有一个特定的椅子，但如果看到其他不同类型的椅子，我们可以毫不费力地识别“这是一个椅子”。

同样地，网络必须根据权重创建我们要进行分类的对象的概念，并使用它对未见过的实例进行分类。可以通过绘制稠密层的激活图来可视化此信息。这将让我们能够检查网络捕获的本质是否有直观的意义，以及是否正在关注感兴趣的部分（如图 3-16 所示）。

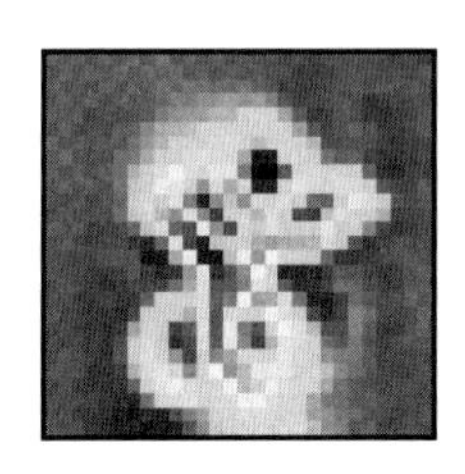

图 3-16 手写数字 8 的激活图

3.6 总结

在本章中，我们阐述了 CNN 的主要概念以及如何在 Keras 中使用它们。

我们看到了为什么卷积层是解决具有高度空间相关性输入这类问题的有效途径，还看到了卷积层背后的数学原理和过滤器是如何捕获特征的。

我们讨论了池化层、softmax 激活函数、零填充的需求，从而避免图像收缩，尤其是对于深度神经网络（DNN）而言。

我们还看到了如何调试网络以检测问题，并检查激活图、过滤器和显著性图。

我们讨论了类似于 CNN 的图像分类和图像检测的各种可能的用途，以及它们如何非常灵活地用于解决许多不同的任务。

在第 4 章中，我们将重点介绍面向自然语言处理的深度学习，而且在本书的后面我们还将回顾本章所学的一些概念。

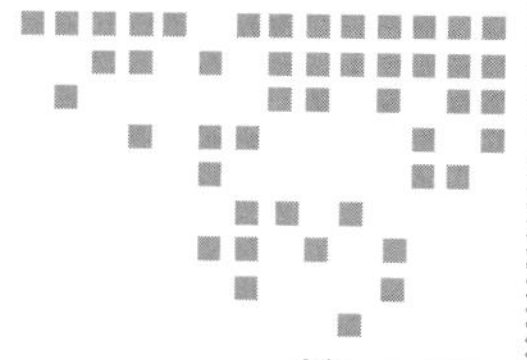

第4章 Chapter 4

利用文本嵌入

处理文本比处理图像更具挑战性，文本的主要问题之一是它没有标准格式。语言的多样性导致在表达相同概念时有许多有效的方法，甚至这些方法也还在不断发展。短信、表情符号和缩写是相对较新的趋势，但现在也已经成为固定的表达方式。处理语言相关任务的机器学习子领域称为*自然语言处理*（Natural Language Processing，NLP）。

深度学习为解决该主题的问题提供了重要帮助。近年来，我们已经在这个与其他机器学习领域相比有些停滞不前的领域中看到了巨大的进步。

本章我们将学习一些用于处理文本的经典机器学习方法，以及如何利用深度学习和最新技术来改善使用旧方法获得的结果。

4.1 面向NLP的机器学习

文本是数据和信息的重要来源，在历史上一直被当作分享知识和思想的主要方式，机器学习系统对于这种丰富的信息源非常感兴趣，而且也是所谓的非结构化数据的典型示例。

虽然具有挑战性，但面向NLP的机器学习领域非常重要，因为它可能对我们的生活带来巨大的改变。

NLP的主要子领域有：

- 语音，如语音识别和文本转语音，即把给定的文本转换为语音表达。
- 自动摘要，对文章进行摘要，保持其意义且具有可读性。
- 语义，在上下文中理解单词含义，常见例子有机器翻译和自然语言生成。
- 语法，例如词形还原（lemmatization），词形还原是去掉单词的词缀识别其主干部分的任务。

在词嵌入技术出现之前，NLP 主要采用以下两种方法：

- 基于规则的方法
- 统计方法

基于规则的方法

基于规则的方法试图利用常见的语言规则（例如语法）来推断单词的功能或执行词干提取。词干提取是一项重要的 NLP 任务，通常被用在数据预处理阶段，其目的是识别单词的词根。

在 Python 生态系统中，有些工具几乎可以自动完成这些任务。要查看示例，我们需要安装另一个 Python 库——自然语言工具包（Natural Language Toolkit，NLTK）。

通过执行以下命令行，使用 `conda` 安装 NLTK 库：

```
conda install -c anaconda nltk
```

另外，还可以如下使用 `pip` 来安装：

```
pip install nltk
```

以下是一个词干提取的示例：

```
import nltk
from nltk.stem.porter import *

ps = PorterStemmer()

print(ps.stem('run'))

print(ps.stem('dogs'))

print(ps.stem('mice'))

print(ps.stem('were'))
```

前面的命令生成以下输出：

```
[[('hello', 'NN'), ('world', 'NN')],
 [('this', 'DT'), ('is', 'VBZ'), ('a', 'DT'), ('test', 'NN')]]
```

词性（Part-of-Speech，PoS）标记是另一个常见的任务，包括为句子的一部分指定词性（例如动词、形容词或名词）。

4.2 理解词嵌入

嵌入是一个实例包含在另一个实例中的数学结构。如果我们将对象 X 嵌入对象 Y 中，将会保留对象的结构，实例也是如此。

词嵌入是一种将单词映射到向量的技术，通过创建一个多维空间，为类似的单词创建类似的表示。每个单词都由一个通常具有数十或数百个维度的向量表示，与其他表示形式（例如可能具有数千甚至数百万个维度的独热编码）形成鲜明对比。

将单词转换为向量形式后，最终可以像操作纯数字那样，使用所有的数学技术。而且当转换成向量后，单词将具有和数字相同的属性。

这也意味着我们可以开始进行以下运算：

国王 – 男人 + 女人 = 王后

能够将单词视为数字确实是非常有用的，这是一个巨大的成就。我们还将看到如何使用词嵌入来处理句子甚至完整的段落。

这种表示可以说是深度学习对 NLP 领域最重大的贡献。

4.2.1 词嵌入的应用

旧 NLP 技术的问题是它们只考虑单个单词而忽略了它们之间的相似性。

通俗地说，词嵌入基于单词的用法学习向量表示。因此，基于所考虑的单词周围不断出现的单词，我们可以确定一个向量化的表示。

现在我们将更详细地介绍其中一种技术，即 Word2vec，它是该领域的先驱。以下是两种常用的词嵌入类型：

- 基于频率的嵌入
- 基于预测的嵌入

4.2.2 Word2vec

Word2vec 是文本嵌入技术的一个子集，它使用神经网络将单词映射到向量空间。通常，这些网络是比较浅的，通常为两层的网络。这些网络的目标是重建单词使用的语言语境。

然后，每个单词将由具有数百个维度的单个向量表示。出现在相似语境中的单词将由在嵌入空间中靠在一起的两个向量表示。

Word2vec 模型最初是由 Google 设计并取得专利，但随后，许多研究人员对其进行了研究并提出了不同的实现，例如 gensim 库中的示例。

我们需要生成一个稀疏表示。为此，Word2vec 可以使用以下两种架构：

- 连续词袋模型（Continuous Bag-Of-Words，CBOW）
- 连续跳字模型（continuous skip-gram）

CBOW 方法尝试根据源语境词来预测中心词，如图 4-1 所示。

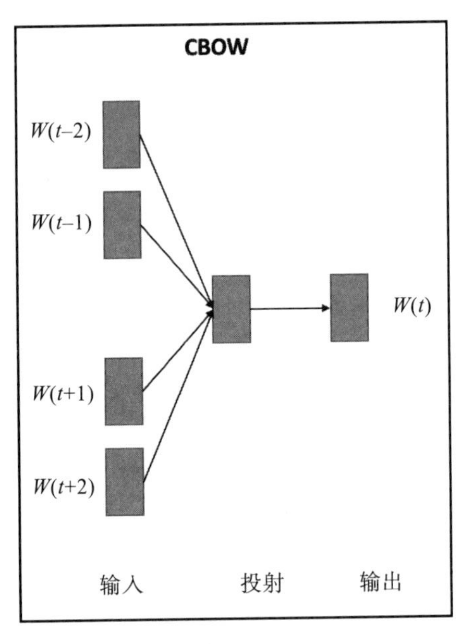

图 4-1

使用 CBOW 架构时，我们假设窗口中单词的顺序不会影响预测。如果不是这种情况，则需要使用不同的架构，例如连续跳字模型，如图 4-2 所示。

连续跳字模型仍然使用一个围绕单词的窗口，但对接近我们正在考虑的单词的单词使用更高的权重。这通常更精准，尤其对于不常用的单词，但是由于附加的权重，这个方法比 CBOW 要慢很多。

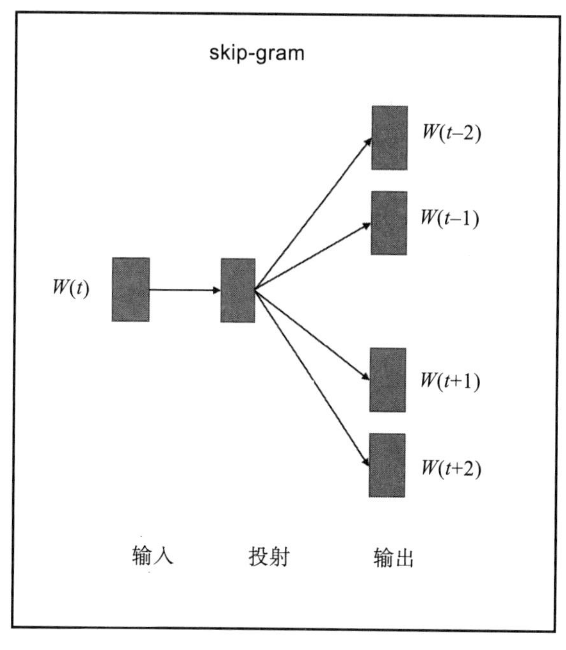

图　4-2

让我们以跳字模型为例，算法的第一步是对每个单词进行独热编码，然后将全部单词作为输入馈入网络。

Word2vec 是一种非常简单的神经网络，只有一个隐藏层。在训练期间，寻找使预测任务损失最小化的权重，对于跳字模型而言，就是计算输入单词附近的单词的概率。

实际上，我们并不关心任务本身，而是更关心隐藏的权重。在训练过程中，该权重连接隐藏层和输出，因此我们的目标是调整这些权重，并将它们用作词嵌入。

Word2vec 方法不仅适用于文本集，还适用于图、社交媒体、基因序列等。通用方法称为序列向量，因为它对共现可能性建模，从而可以在任何序列数据提取信息。

这类模型通常比传统模型需要更多数据，这主要是因为传统的 NLP 研究人员以前是利用他们的领域专长自己创建特征，而将这些方法应用于不同领域时，其局限性也开始显示出来。在这种情况下，研究人员需要花费大量时间创建新的特征。

相比之下，深度学习自身在训练过程中可以找到最佳特征，因此可以将非常相似的方法应用于不同的领域。

在训练网络后，我们将使用一个数字向量（称为神经词嵌入）来表示每个单词。在这方面，它是一个类似于自编码器的过程，我们还有一个输入的向量化表示。我们将在第 5 章讨论更多关于自编码器的内容，其目标基本上是找到一种紧凑的方式来表示输入，这样就可以重构它。

另一方面，正如之前提到的，我们希望在给定语境时预测一个单词，因此我们的表示将据此进行优化。

这些概念也可用于帮助翻译文本。当我们有两种不同语言训练的嵌入时，可以将它们相互映射。

1. Keras 中的词嵌入

现在，我们将看到如何使用一个二元分类任务来创建这个嵌入层，以训练网络并导出单词表示。我们将使用 Keras 和嵌入层，嵌入层将正整数（我们的词汇表索引）变为固定大小的密集向量。例如：

[[2], [11]] –> [[0.25, 0.1], [0.6, –0.2]]

要实现这一点，我们将创建一个简单的分类任务。例如，我们希望找出一个有关披萨的简单句子语料库中的情感，这是一个和用于 Word2vec 的神经网络不同的简单的二元分类任务，但现在我们仅对嵌入层感兴趣。

要创建嵌入层，可以按照以下步骤操作：

1）导入要使用的库，尤其是需要用于转换和预处理文本的一些预处理库。

```
from numpy import array
from keras.preprocessing.text import one_hot
from keras.preprocessing.sequence import pad_sequences
from keras.models import Sequential
from keras.layers import Dense
from keras.layers import Flatten
from keras.layers.embeddings import Embedding
import pandas as pd
```

2）定义一个简单的数据集。我们定义一个有关披萨的句子向量。每一个句子只有一种情感，可以是积极的或消极的。在单独的向量中提供句子的类别。

```
# define the corpus
corpus = ['This is good pizza',
        'I love Italian pizza',
        'The best pizza',
        'nice pizza',
        'Excellent pizza',
```

```
        'I love pizza',
        'The pizza was alright',
        'disgusting pineapple pizza',
        'not good pizza',
        'bad pizza',
        'very bad pizza',
        'I had better pizza']

# creating class labels for our
labels = array([1, 1, 1, 1, 1, 1, 0, 0, 0, 0, 0, 0])

output_dim = 8
pd.DataFrame({'text': corpus, 'sentiment':labels})
```

上述命令会生成如图 4-3 所示的输出。

	text	sentiment
0	This is good pizza	1
1	I love Italian pizza	1
2	The best pizza	1
3	nice pizza	1
4	Excellent pizza	1
5	I love pizza	1
6	The pizza was alright	0
7	disgusting pineapple pizza	0
8	not good pizza	0
9	bad pizza	0
10	very bad pizza	0
11	I had better pizza	0

图　4-3

3）使用一个独热编码表示来转换语料库中的单词。这是因为嵌入层需要一个唯一的整数。

```
# we extract the vocabulary from our corpus
sentences = [voc.split() for voc in corpus]
vocabulary = set([word for sentence in sentences for word in
sentence])

vocab_size = len(vocabulary)
encoded_corpus = [one_hot(d, vocab_size) for d in corpus]
encoded_corpus
```

我们将得到如图 4-4 所示的编码输出。

```
[[15, 18, 19, 2],
 [15, 12, 7, 2],
 [11, 15, 2],
 [4, 2],
 [15, 2],
 [15, 12, 2],
 [11, 2, 2, 11],
 [4, 7, 2],
 [9, 19, 2],
 [19, 2],
 [6, 19, 2],
 [15, 1, 14, 2]]
```

图 4-4

4）输出是由可变长度的向量组成的。为了使它们的大小相同，我们选择一个固定大小，并将缺失值填充为 0。额外的空格不会在向量的末尾填入 0。

```
# we now pad the documents to
# the max length of the longest sentences
# to have an uniform length
max_length = 5
padded_docs = pad_sequences(encoded_corpus, maxlen=max_length,
padding='post')
print(padded_docs)
```

通过上述命令，我们得到如图 4-5 所示的填充输出。

```
[[15 18 19  2  0]
 [15 12  7  2  0]
 [11 15  2  0  0]
 [ 4  2  0  0  0]
 [15  2  0  0  0]
 [15 12  2  0  0]
 [11  2  2 11  0]
 [ 4  7  2  0  0]
 [ 9 19  2  0  0]
 [19  2  0  0  0]
 [ 6 19  2  0  0]
 [15  1 14  2  0]]
```

图 4-5

5）仅使用两层来定义模型。我们将使用一个含有嵌入层的顺序模型：

```
# model definition
model = Sequential()
model.add(Embedding(vocab_size, output_dim,
input_length=max_length, name='embedding'))
model.add(Flatten())
```

```
model.add(Dense(1, activation='sigmoid'))
# compile the model
model.compile(optimizer='adam', loss='binary_crossentropy',
metrics=['acc'])
# summarize the model
print(model.summary())
# fit the model
model.fit(padded_docs, labels, epochs=50, verbose=0)
# evaluate the model

loss, accuracy = model.evaluate(padded_docs, labels, verbose=0)
print('Accuracy: %f' % (accuracy * 100))
```

可以通过设置 num_timesteps 参数来指定序列的最大长度。较短的序列在结尾处填充值，而较长的序列则被截断。

以上命令生成如图 4-6 所示的输出。

```
Layer (type)                 Output Shape              Param #
=================================================================
embedding_4 (Embedding)      (None, 5, 8)              160
_________________________________________________________________
flatten_4 (Flatten)          (None, 40)                0
_________________________________________________________________
dense_4 (Dense)              (None, 1)                 41
=================================================================
Total params: 201
Trainable params: 201
Non-trainable params: 0
_________________________________________________________________
None
Accuracy: 83.333331
```

图　4-6

这是用于创建嵌入的模型。因为我们是在同一个数据集进行的训练和测试，所以尽管准确度不是我们的目标，我们还是打印了它。我们的目标是创建一个单词的向量化表示，现在可以在嵌入层中找到它。

2. 预训练模型

在大型数据集中训练后，嵌入通常可以很好地工作。大多数情况下，这意味着要花费大量时间和资源来训练网络，并拥有允许这样做的基础设施。

幸运的是，有许多预训练模型可供下载和使用。

4.3 GloVe

GloVe代表全局向量（Global Vector），是一个用于产生分布式单词表示的模型。这是一种无监督学习方法，它使用语料库中共现词的统计信息来在向量空间中找到有用的单词表示形式。

它结合了两种方法：全局矩阵分解和局部上下文窗口。现在，我们将更详细地解释这两种方法，并给出一个使用示例。

4.3.1 全局矩阵分解

矩阵分解是将一个矩阵分解为多个矩阵的乘积。根据我们要解决的问题的类别，分解矩阵的方法也会有所差异。

矩阵分解是一组算法，通常用于推荐系统。在这种情况下，系统目标是在较低维度空间中表示用户和项目。这个空间也称为潜在空间，是潜在特征或隐变量所在的地方。隐变量是在输入中无法观察到的变量，但可以通过数学模型来推断，该模型也称为隐变量模型。

使用隐变量的主要原因是可以降低数据的维度。在推荐系统中，数据可能是非常稀疏的。例如，亚马逊商城推荐要处理数以百万计的用户和对象，大多数用户和对象几乎没有交互。

这类问题与我们的文本任务非常相似，其中有许多不同的单词，一些单词不止有一种意思，并且大多数单词没有交互。

对于文本，我们通常具有可互换的单词，并且如我们之前所看到的，可以通过它们在相同语境中同时出现的次数来推断这一点。单词也被表示为词频–文档频率（term-document frequency），它为我们提供了语料库当中每个文档中单词的出现频率。在这种情况下，列代表单词，而行代表文档。

潜在语义分析（LSA）是使用单词之间的相关性来推断词义的模型之一。其他模型还包括：

- HAL（Hyperspace Analogue to Language）
- 基于语法或依赖关系的模型
- 语义折叠
- 主题模型，例如LDA

将 $m \times n$ 的矩阵 $\boldsymbol{M}$ 分解为乘积 $\boldsymbol{U\Sigma V^*}$，其中 $\boldsymbol{U}$ 是 $m \times m$ 的酉矩阵，$\boldsymbol{\Sigma}$ 是 $m \times n$ 的矩形对角矩阵（其非零项称为 $\boldsymbol{M}$ 的奇异值），而 $\boldsymbol{V}$ 是 $n \times n$ 的酉矩阵，如图4-7所示。

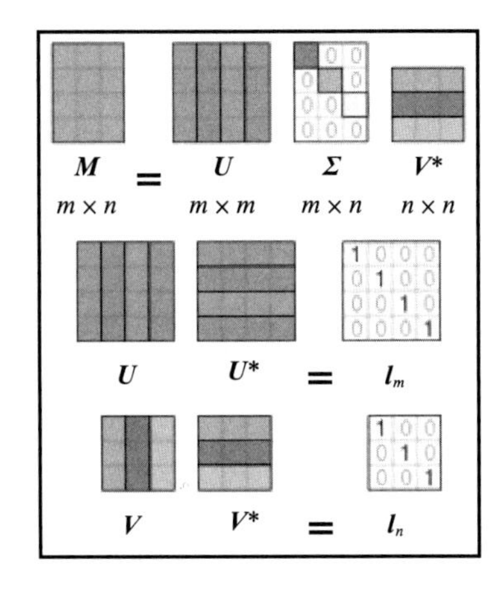

图　4-7

现在，我们将看到如何在Python中实现刚才看到的矩阵分解：

```
from numpy import array
from numpy import diag
from numpy import zeros
from numpy import linalg
# define a matrix that we want to
A = array([
    [1, 2, 3, 4],
    [5, 6, 7, 8],
    [9, 10, 11, 12]
          ])
print('Initial matrix')
print(A)
# Applying singular-value decomposition
# VT is already the vector we are looking in
# as the formula return it transposed
# while we are interested in the normal form
U, s, VT = linalg.svd(A)
# creating a m x n Sigma matrix
Sigma = zeros((A.shape[0], A.shape[1]))
# populate Sigma with n x n diagonal matrix
Sigma[:A.shape[0], :A.shape[0]] = diag(s)
# select only two elements
n_elements = 2
Sigma = Sigma[:, :n_elements]
VT = VT[:n_elements, :]
# reconstruct
A_reconstructed = U.dot(Sigma.dot(VT))
print(A_reconstructed)
# Calculate the result
# By the dot product
# Between the U and sigma
# In python 3 it's possible to
# calculate the dot product using @
T = U @ Sigma
```

```
# for python 2 should be
# T = U.dot(Sigma)
print('dot product between U and Sigma')
print(T)
print('dot product between A and V')
T_ = A @ VT.T
print(T_)

print('Are the dot product similar? ',
      'Yes' if np.isclose(X, X_a).all() else 'no')
```

4.3.2 使用 GloVe 模型

GloVe 计算给定前一个单词的下一个单词（w_i）的概率。在对数双线性模型中，可以通过以下方式计算：

$$P(w_i = w \mid w_{i-1}, \cdots, w_1) = \frac{\exp(\phi(w)^{\mathrm{T}} c)}{\sum_{w' \in V} \exp(\phi(w')^{\mathrm{T}} c)}$$

让我们看一下前面公式中的项：

- ❑ $\phi(w)$ 是一个词向量
- ❑ c 是 w_i 的上下文

c 的计算公式如下：

$$c = \sum_{n=1}^{i-1} [\alpha_n \phi(w_n)]$$

GloVe 本质上是以加权最小二乘为目标的对数双线性模型，这意味着整体解可将每个方程结果中创建的残差平方和最小化。单词与单词一起出现或共现的概率的比值具有对某些含义进行编码的能力。

我们可以从 GloVe 网站（https://nlp.stanford.edu/projects/glove/）上获取一个示例，并考虑两个单词 ice 和 steam 同时出现的概率。这是通过在词汇表中一些单词的帮助下进行探索而完成的。图 4-8 是来自约 60 亿个单词语料库的一些概率。

概率与比值	$k = solid$	$k = gas$	$k = water$	$k = fashion$
$P(k\|ice)$	1.9×10^{-4}	6.6×10^{-5}	3.0×10^{-3}	1.7×10^{-5}
$P(k\|steam)$	2.2×10^{-5}	7.8×10^{-4}	2.2×10^{-3}	1.8×10^{-5}
$P(k\|ice)/P(k\|steam)$	8.9	8.5×10^{-2}	1.36	0.96

图 4-8

观察这些条件概率，我们可以发现，ice 一词在 solid 附近出现的频率比在 gas 附近出现的频率更高，而 steam 一词在 solid 附近出现的频率比在 gas 附近出现的频率更低，steam、gas 经常和 water 一词一起出现，因为它们是水可能出现的状态。另一方面，它们与 fashion 一词一起出现的频率较低。

来自如 water 和 fashion 等非歧视性单词的噪声在某种程度上会抵消概率的比值，任何大于 1 的值与 ice 的特定的特性相关性很好，任何小于 1 的值与 steam 的特定的特性相关性很好。因此，概率的比值与热力学的非现实概念相关。

GloVe 模型的目标是创建表示单词的向量，使它们的点积等于概率单词及其共现的对数。众所周知，在对数尺度中，比值等于所考虑的两个元素的对数之差。因此，元素概率的对数比值将在两个词之间的差值的向量空间中转换。由于这个属性，我们可以很方便地使用这些比值将含义编码到向量中，这使得它有可能用于区别和获得类比，例如我们在 Word2vec 中看到的示例。

现在让我们看看如何运行 GloVe。首先，我们需要使用以下命令来安装它。

- 要编译 GloVe，我们需要一个 `c` 编译器 `gcc`。在 macOS 上，执行以下命令：

```
conda install -c psi4 gcc-6
pip install glove_python
```

- 或者，可以执行以下命令：

```
export CC="/usr/local/bin/gcc-6"
export CFLAGS="-Wa,-q"
pip install glove_python
```

- 在 macOS 上使用 `brew`：

```
brew install gcc
and then export gcc into CC like:
export CC=/usr/local/Cellar/gcc/6.3.0_1/bin/g++-6
```

用一些 Python 代码测试 GloVe。我们将使用 https://textminingonline.com 中的示例：

1）导入主要库，如下所示：

```
import itertools
from gensim.models.word2vec import Text8Corpus
from glove import Corpus, Glove
```

2）我们需要 `gensim` 库，仅使用它们的 `Text8Corpus`：

```
sentences = list(itertools.islice(Text8Corpus('text8'),None))

corpus = Corpus()

corpus.fit(sentences, window=10)
glove = Glove(no_components=100, learning_rate=0.05)

glove.fit(corpus.matrix, epochs=30, no_threads=4, verbose=True)
```

观察模型的训练：

```
Performing 30 training epochs with 4 threads
Epoch 0
Epoch 1
Epoch 2
...
Epoch 27
Epoch 28
Epoch 29
```

3）将字典添加到 `glove`：

```
glove.add_dictionary(corpus.dictionary)
```

4）检查单词之间的相似性：

```
glove.most_similar('man')
Out[10]:
[(u'terc', 0.82866443231836828),
 (u'woman', 0.81587362007162523),
 (u'girl', 0.79950702967210407),
 (u'young', 0.78944050406331179)]

glove.most_similar('man', number=10)
Out[12]:
[(u'terc', 0.82866443231836828),
 (u'woman', 0.81587362007162523),
 (u'girl', 0.79950702967210407),
 (u'young', 0.78944050406331179),
 (u'spider', 0.78827287082192377),
 (u'wise', 0.7662819233076561),
 (u'men', 0.70576506880860157),
 (u'beautiful', 0.69492684203254429),
 (u'evil', 0.6887102864856347)]

glove.most_similar('frog', number=10)
Out[13]:
[(u'shark', 0.75775974484778419),
 (u'giant', 0.71914687122031595),
 (u'dodo', 0.70756087345768237),
 (u'dome', 0.70536309001812902),
 (u'serpent', 0.69089042980042681),
 (u'vicious', 0.68885819147237815),
 (u'blonde', 0.68574786672123234),
```

```
 (u'panda', 0.6832336174432142),
 (u'penny', 0.68202780165909405)]

glove.most_similar('girl', number=10)
Out[14]:
[(u'man', 0.79950702967210407),
 (u'woman', 0.79380171669979771),
 (u'baby', 0.77935645649673957),
 (u'beautiful', 0.77447992804057431),
 (u'young', 0.77355323458632896),
 (u'wise', 0.76219894067614957),
 (u'handsome', 0.74155095749823707),
 (u'girls', 0.72011371864695584),
 (u'atelocynus', 0.71560826080222384)]

glove.most_similar('car', number=10)
Out[15]:
[(u'driver', 0.88683873415652947),
 (u'race', 0.84554581794165884),
 (u'crash', 0.76818020141393994),
 (u'cars', 0.76308628267402701),
 (u'taxi', 0.76197230282808859),
 (u'racing', 0.7384645880932772),
 (u'touring', 0.73836030272284159),
 (u'accident', 0.69000847113708996),
 (u'manufacturer', 0.67263805153963518)]

glove.most_similar('queen', number=10)
Out[16]:
[(u'elizabeth', 0.91700558183820069),
 (u'victoria', 0.87533970402870487),
 (u'mary', 0.85515424257738148),
 (u'anne', 0.78273531080737502),
 (u'prince', 0.76833451608330772),
 (u'lady', 0.75227426771795192),
 (u'princess', 0.73927079922218319),
 (u'catherine', 0.73538567181156611),
 (u'tudor', 0.73028985404704971)]
```

4.3.3 基于 GloVe 的文本分类

现在我们将看到如何使用这些向量化表示来完成某些文本分类任务。本节是对 Robert Guthrie 的 Python 教程的修改。

从 GloVe 网站（https://nlp.stanford.edu/projects/glove/）下载嵌入后，我们需要确定使用哪种表示形式。根据向量长度（50、100、200、300）有四种选择。我们将对每个向量尝试使用值为 50 的表示形式：

```
possible_word_vectors = (50, 100, 200, 300)
word_vectors = possible_word_vectors[0]
file_name = f'glove.6B.{word_vectors}d.txt'
filepath = '../data/'
pretrained_embedding = os.path.join(filepath, file_name)
```

现在需要为关联词 / 索引创建一个更好的结构，我们希望有一个字典，其中每个词都是键，向量化的表示是向量。在将每个单词快速转换为向量之后，这将非常方便。

然后，将使用一个遵循 `scikit-learn` 的 API 的类，将我们的文档转换为其所有嵌入向量的平均值：

```
class EmbeddingVectorizer(object):
   """
   Follows the scikit-learn API
   Transform each document in the average
   of the embedding of the words in it
   """
   def __init__(self, word2vec):
       self.word2vec = word2vec
      self.dim = 50
   def fit(self, X, y):
       return self
   def transform(self, X):
       """
       Find the embedding vector for each word in the dictionary
       and take the mean for each document
       """
       # Renaming it just to make it more understandable
       documents = X
       embedded_docs = []
       for document in documents:
           # For each document
           # Consider the mean of all the embeddings
           embedded_document = []
           for words in document:
           for w in words:
               if w in self.word2vec:
                   embedded_word = self.word2vec[w]
               else:
                   embedded_word = np.zeros(self.dim)
               embedded_document.append(embedded_word)
       embedded_docs.append(np.mean(embedded_document, axis=0))
   return embedded_docs
```

现在可以创建嵌入，如下所示：

```
# Creating the embedding
e = EmbeddingVectorizer(embeddings_index)
X_train_embedded = e.transform(X_train)
```

有了这些，现在就可以训练分类器并在未见过的数据上对其进行测试：

```
# Train the classifier
rf = RandomForestClassifier(n_estimators=50, n_jobs=-1)
rf.fit(X_train_embedded, y_train)
X_test_embedded = e.transform(X_test)
predictions = rf.predict(X_test_embedded)
```

然后，检查预测的 AUC 和混淆矩阵以评估性能：

```
print('AUC score: ', roc_auc_score(predictions, y_test))
confusion_matrix(predictions, y_test)
The performances are acceptable, but they could be improved.
AUC score:  0.7390774760383386
array([[224,  89],
       [ 95, 305]])
```

4.4　总结

本章我们详细学习了面向 NLP 的机器学习和词嵌入及其应用。我们还详细介绍了 GloVe，其中涉及全局矩阵分解和使用 GloVe 模型。

在第 5 章中，我们将介绍一种更复杂的神经网络——循环神经网络（Recurrent Neural Network，RNN），及其背后的数学原理和概念。

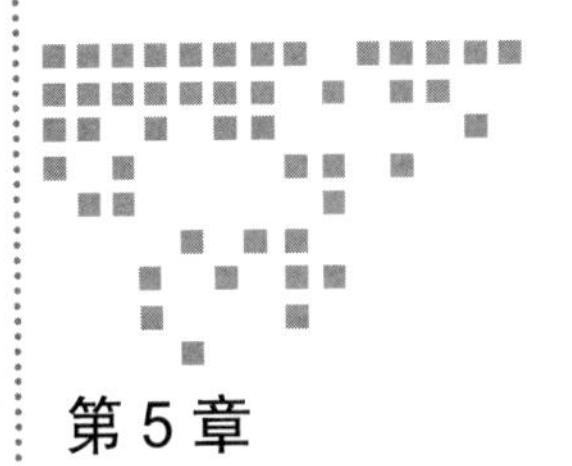

Chapter 5 第5章

循环神经网络

目前为止，我们已经探讨了非序列任务的解决方案，非序列意味着这些任务不需要任何历史知识，而且就算知道当前正在被分类的图像属于什么分类，也不会有任何区别。但在许多其他任务中，了解一条信息所附带的信息非常重要。举例来说，当我们说话时，一个字母的发音会根据它前后出现的字母而有所不同。

我们的大脑能够处理这些信息，你可能会说，如果向我们目前所看到的神经网络（NN）提供更多信息，也就能处理新的文本。

神经网络有一种特定架构可解决这一问题，即循环神经网络（RNN）。

本章将讨论的一个重要补充内容是扩展计算图类型的一种新方法。计算图是一种构造多重计算（例如梯度计算）的方法。

我们之前探讨的计算图只在某一层和下一层之间有连接。循环神经网络具有另外一种连接类型，即一种循环出现构成环的连接。

本章将探究循环神经网络可以实现什么，以及如何使用Keras构建一个循环神经网络去解决特定问题。

5.1 理解循环神经网络

循环神经网络是用来解决那些事件的序列信息比较重要的问题的一类网络。它们与擅长预测网格数据（如图5-1所示）的卷积神经网络（CNN）十分类似。

0	0	0	0	0	0	0	0	0	0	0	0	0	0	0	0	0	0	0	0	0	0	0	0	0	0	0	0
0	0	0	0	0	0	0	0	0	0	0	0	0	0	0	0	0	0	0	0	0	0	0	0	0	0	0	0
0	0	0	0	0	0	0	0	0	0	0	0	0	0	0	0	0	0	0	0	0	0	0	0	0	0	0	0
0	0	0	0	0	0	0	0	0	0	0	0	0	0	0	0	0	0	0	0	0	0	0	0	0	0	0	0
0	0	0	0	0	0	0	0	0	0	0	0	0	0	0	0	0	0	0	0	0	0	0	0	0	0	0	0
0	0	0	0	0	0	0	0	0	0	0	0	0	0	0	0	0	0	0	0	0	0	0	0	0	0	0	0
0	0	0	0	0	0	0	0	0	0	0	0	0	0	0	0	0	0	0	0	0	0	0	0	0	0	0	0
0	0	0	0	0	0	84	185	159	151	60	36	0	0	0	0	0	0	0	0	0	0	0	0	0	0	0	0
0	0	0	0	0	0	222	254	254	254	254	241	198	198	198	198	198	198	198	198	170	52	0	0	0	0	0	0
0	0	0	0	0	0	67	114	72	114	163	227	254	225	254	254	254	250	229	254	254	140	0	0	0	0	0	0
0	0	0	0	0	0	0	0	0	0	0	17	66	14	67	67	67	59	21	236	254	106	0	0	0	0	0	0
0	0	0	0	0	0	0	0	0	0	0	0	0	0	0	0	0	0	83	253	209	18	0	0	0	0	0	0
0	0	0	0	0	0	0	0	0	0	0	0	0	0	0	0	0	22	233	255	83	0	0	0	0	0	0	0
0	0	0	0	0	0	0	0	0	0	0	0	0	0	0	0	0	129	254	238	44	0	0	0	0	0	0	0
0	0	0	0	0	0	0	0	0	0	0	0	0	0	0	0	59	249	254	62	0	0	0	0	0	0	0	0
0	0	0	0	0	0	0	0	0	0	0	0	0	0	0	0	133	254	187	5	0	0	0	0	0	0	0	0
0	0	0	0	0	0	0	0	0	0	0	0	0	0	0	9	205	248	58	0	0	0	0	0	0	0	0	0
0	0	0	0	0	0	0	0	0	0	0	0	0	0	0	126	254	182	0	0	0	0	0	0	0	0	0	0
0	0	0	0	0	0	0	0	0	0	0	0	0	0	75	251	240	57	0	0	0	0	0	0	0	0	0	0
0	0	0	0	0	0	0	0	0	0	0	0	0	19	221	254	166	0	0	0	0	0	0	0	0	0	0	0
0	0	0	0	0	0	0	0	0	0	0	0	3	203	254	219	35	0	0	0	0	0	0	0	0	0	0	0
0	0	0	0	0	0	0	0	0	0	0	0	38	254	254	77	0	0	0	0	0	0	0	0	0	0	0	0
0	0	0	0	0	0	0	0	0	0	0	31	224	254	115	1	0	0	0	0	0	0	0	0	0	0	0	0
0	0	0	0	0	0	0	0	0	0	0	133	254	254	52	0	0	0	0	0	0	0	0	0	0	0	0	0
0	0	0	0	0	0	0	0	0	0	61	242	254	254	52	0	0	0	0	0	0	0	0	0	0	0	0	0
0	0	0	0	0	0	0	0	0	0	121	254	254	219	40	0	0	0	0	0	0	0	0	0	0	0	0	0
0	0	0	0	0	0	0	0	0	0	121	254	207	18	0	0	0	0	0	0	0	0	0	0	0	0	0	0
0	0	0	0	0	0	0	0	0	0	0	0	0	0	0	0	0	0	0	0	0	0	0	0	0	0	0	0

图　5-1

循环神经网络更擅长预测跨越多个时间步的输入序列。这种情况下的输入如图 5-2 所示。

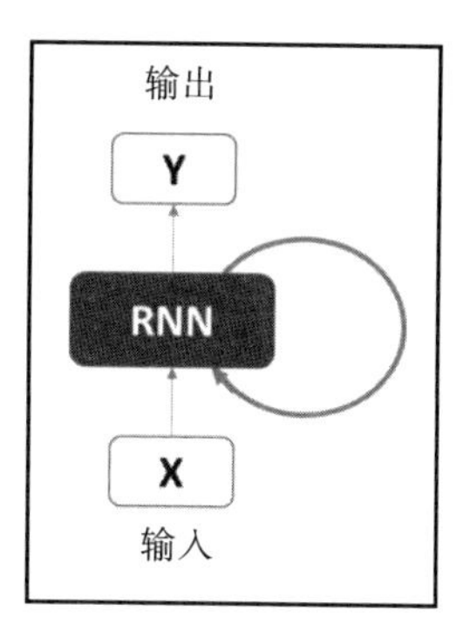

图　5-2

序列任务的一个示例是对连续手写字符进行分类和分段。在图 5-3 中，想要分辨哪个字母是结束以及哪个字母是开始，则不仅需要知道现有信息（即像素），还要知道相关信息。

循环神经网络已成功应用到许多领域，如：

- 语音识别
- 视频序列预测
- 机器翻译

- ❑ 时间序列预测
- ❑ 音乐生成
- ❑ 手写识别
- ❑ 语法学习

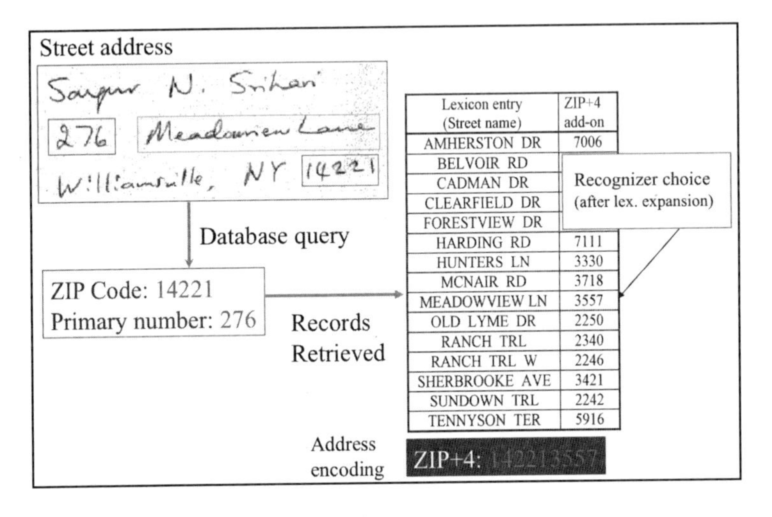

图 5-3

有些循环神经网络是图灵完备的，这意味着它们可以仿真任何图灵机。换言之，循环神经网络可以用来近似任何算法。

5.1.1 循环神经网络原理

与机器学习及其相关领域的其他许多事物类似，循环神经网络的一个重要概念也源于20世纪80年代的一个想法，即在模型中共享参数或许是可能的。通过这种方式可以将模型应用于不同形式的实例，并形成泛化。

然而，如果以时间序列为例，通过为每个参数设置单独的值，无法将模型泛化到与训练序列长度不同的序列。

我们之前看到卷积神经网络能够处理拥有较大的宽和高的图像，与之相似，循环神经网络也可以处理非常长的序列，这对于没有循环层的网络来说是无法实现的。此外，某些卷积神经网络还可以处理多维度图像，循环神经网络同样可以处理可变长度的序列。

例如，考虑以下两个句子："在 2011 年，我遇到了我的妻子"和"我在 2011 年遇到了我的妻子"。在此，2011 年是一个重要的年份。在一个全连接前馈神经网络（FFNN）中，我们要为每个输入特征单独设定参数，从而让它根据位置分别学习语言规则。

在一维时间序列和具有时间延迟的相同序列上使用一个 CNN，可以允许我们跨时间共享一些权重，但这是以一种比较浅层的方式，因为卷积只在网络的一个闭邻域上进行。通过这种方式，我们因为核卷积而共享了一些参数。

在 RNN 中，通过对之前的输出应用相同的更新规则，输出的每个成员都是前一个输出成员的函数。这样，就可以通过非常深的卷积图来共享权重，如图 5-4 所示。

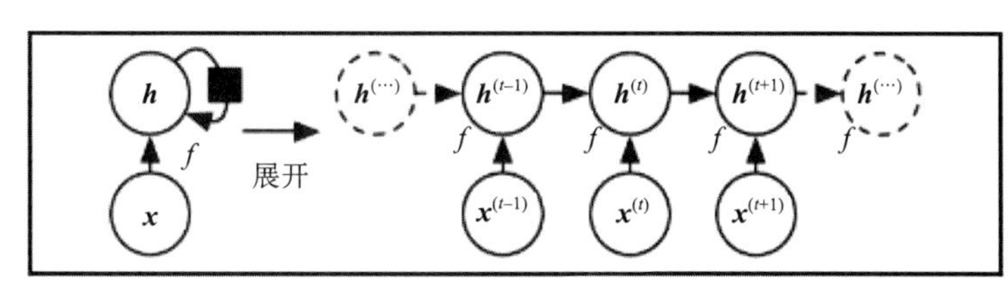

图 5-4

我们用一个向量 $\boldsymbol{x}^{(t)}$ 表示循环神经网络的输入，时间步为从 1 到 τ。大部分时候，循环神经网络都在由每个成员都有不同长度的序列组成的小批次上运行。

循环神经网络也可以应用在通过时间链接的多维度序列中，比如一段视频。

循环神经网络的优势如下：

- 输入长度无限制，且不影响模型大小。
- 能够将序列历史信息考虑在内。
- 权重是跨时间共享的。

另一方面，循环神经网络的不足之处如下：

- 它们是时间密集型的。
- 很难访问时间过于久远的信息。
- 无法考虑当前状态的任何未来输入。

5.1.2 循环神经网络类型

循环神经网络具有依据时间连接同一单元（但连接方式不同）的多种类型。让我们考虑一个由外部信号 $x(t)$ 驱动且由状态 s 组成的动力系统的经典形式，如下所示：

$$s(t) = f(s(t-1), x(t); \theta)$$

这个公式是循环的，因为它总是与 t–1 时的状态有关。然而，t–1 时的状态也依赖于 t–2 时的状态，因此可以如下定义该公式：

$$s(t) = f(s(t-1); \theta) = f(f(s(t-2); \theta); \theta)$$

在 t=3 的时候，公式也可以更新为以下形式：

$$s(3) = f(s(2); \theta) = f(f(s(1); \theta); \theta)$$

为了更明确地表示我们讨论的是单元的隐藏状态，我们用 h 代替 s，并将公式重写为以下形式：

$$h(t) = f(h(t-1), x(t); \theta)$$

所有循环函数都可以用循环神经网络来表示。所有之前的状态都可以由当前状态 $h(t)$ 概括得出，因此我们可以说 $h(t)$ 是之前信息的一个有损压缩。

把 $h(t)$ 看作过去的输入序列到当前输入在任务相关方面的某种有损概括。正因为它将任意长度的序列 $sequence(x(t), x(t-1), x(t-2), \cdots, x(2), x(1))$ 映射到一个固定长度的向量 $h(t)$，所以必然是有损的。要向前追溯多远取决于问题的类型。例如，要预测下一个单词，只需考虑少量先前的位置，如两三个之前的单词或输出。

循环神经网络的主要类型如下：

- ❑ 在隐藏单元之间具有循环连接的循环神经网络，它在每个时间步触发输出。
- ❑ 在输出和下一时间步的隐藏单元之间具有循环连接的循环神经网络。
- ❑ 隐藏单元之间存在循环连接，但在整个序列处理后才获得输出。

对于每个时间步 t，激活函数 $a^{<t>}$ 以及输出 $y^{<t>}$ 可表示为以下形式：

$$a^{<t>} = g_1\,(W_{aa}a^{<t-1>} + W_{ax}x^{<t>} + b_a)$$
$$y^{<t>} = g_2\,(W_{ya}a^{<t>} + b_y)$$

其中 W_{ax}、W_{aa}、W_{ya}、b_a 和 b_y 表示在时间尺度上被整个网络共享的系数，g_1 和 g_2 表示激活函数，如图 5-5 所示。

基于不同的时间差异我们将得到不同类型的循环神经网络。

1）一对一

当输入和输出被用来计算同一时间步时，我们可以得到一个简单的神经网络，如图 5-6 所示。

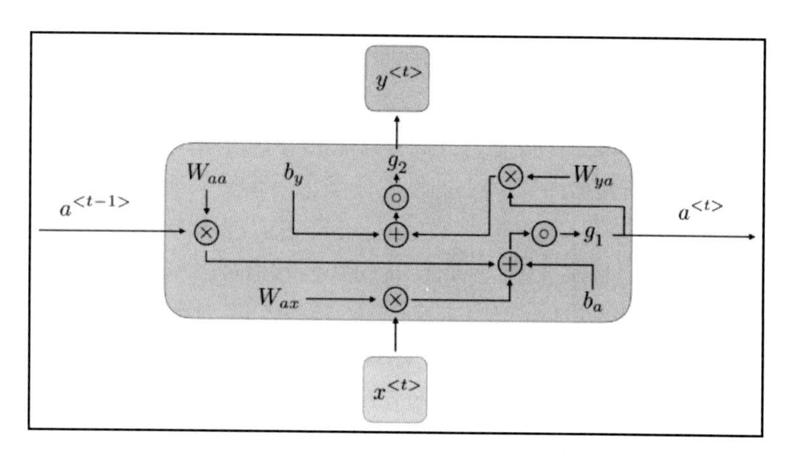

图　5-5

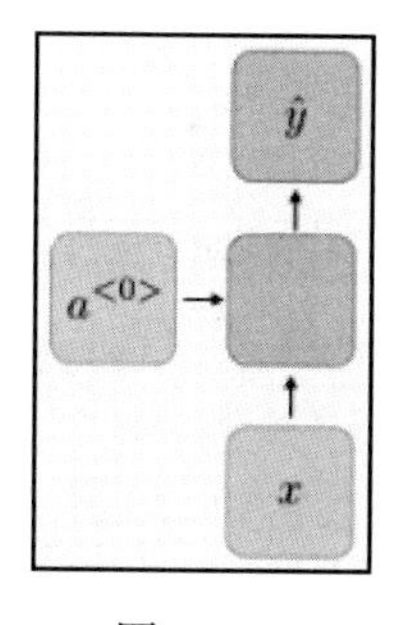

图　5-6

2）一对多

有些网络只用到当前输入，但也会考虑前一时间步的输出。此类架构常用于音乐生成，因为音符需遵循某种舒适的模式，如图 5-7 所示。

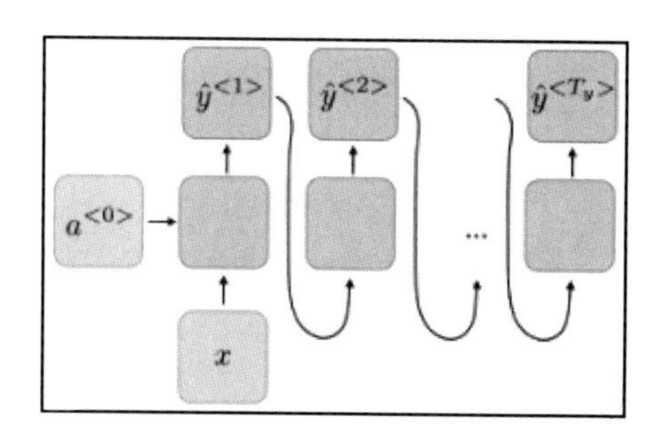

图　5-7

3）多对多

对于某些任务来说，不仅之前的输入信息很重要，之前的输出也是如此。

我们可以根据感兴趣的时间差异来进一步区分两种不同的架构类型。

1）相同间隔

输入和输出都考虑在同一时间窗口，此架构常用于情感分类。在这种情况下，网络架构如图 5-8 所示。

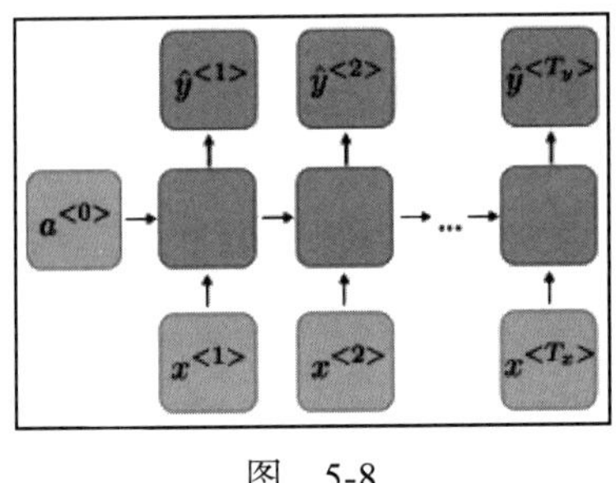

图 5-8

2）不同间隔

有时消除相同时间限制非常有效。此类架构常用于机器翻译。

5.1.3 损失函数

这里，损失函数是时间窗口内的所有损失函数的总和，定义如下：

$$Loss(y, y') = \sum_{t=1}^{T} Loss(y^t, y'^t)$$

激活函数则通常会使用 sigmoid、tanh 或 ReLU。循环神经网络会遇到（在 FFNN 中不会遇到）的问题之一是损失函数的梯度可能会爆炸（不仅仅是可能会消失）。这是由于提供过去实例的历史信息的循环连接会造成乘法梯度可能呈指数增长或下降。可以通过梯度裁剪来限制最大值从而避免梯度爆炸，如图 5-9 所示。

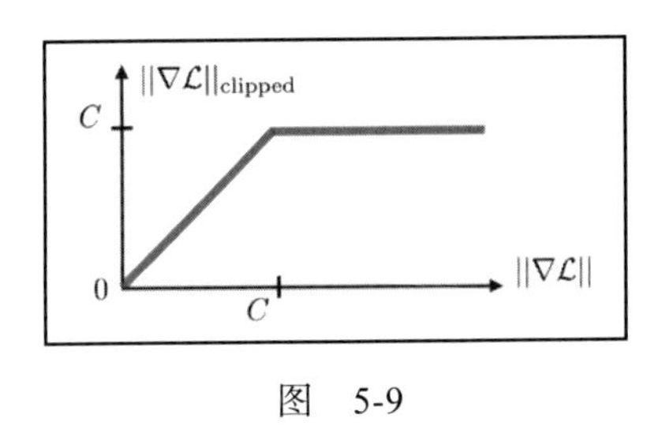

图 5-9

另一种限制梯度的方式是利用某种特定类型的门（gate），一般用 Γ 来表示，其公式为：

$$\Gamma = \sigma(Wx^t + Ua^{t-1} + b)$$

这里 W、U 和 b 是门的系数，σ 为 sigmoid 函数。门的主要类型总结在下表中。

门的类型	作　用
更新门 ΓuΓu	决定过去的信息对结果的影响程序
相关门 ΓrΓr	决定是否要丢弃之前的信息
遗忘门 ΓfΓf	决定是否要删除单元

5.2　长短期记忆

循环神经网络的主要问题之一是梯度随着时间步的增加而迅速消失。有一些架构有助于缓解此问题，最常见的就是长短期记忆（LSTM）。

LSTM 是一种非常常见的循环神经网络类型。这种类型的网络在捕获长期依赖关系方面比简单的循环神经网络要好得多。LSTM 唯一特别的地方是它们计算隐藏状态的方式。

本质上，LSTM 是由一个单元、一个输入门、一个输出门和一个遗忘门组成的，这是它的不同寻常之处，如图 5-10 所示。

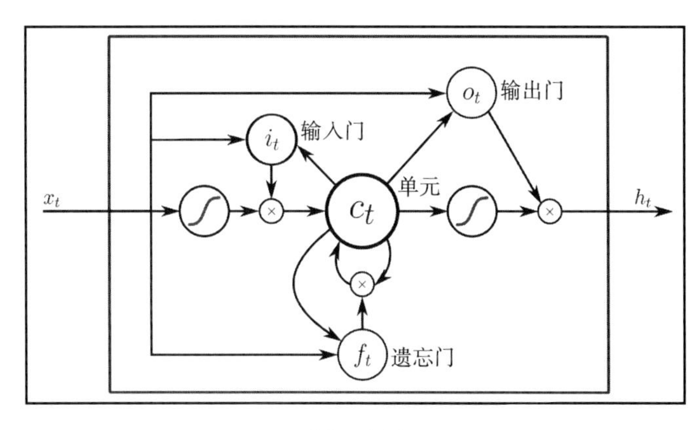

图　5-10

5.2.1　LSTM 架构

这种类型的网络用于对时间序列数据进行分类和预测。例如，LSTM 的一些应用包括手写识别或语音识别。

LSTM 架构的特性之一是能够处理不同持续时间的滞后（它比 RNN 做得更好）。

带遗忘门的 LSTM 的公式定义如下：

$$f_t = \sigma_g (W_f x_t + U_f h_{t-1} + b_f)$$
$$i_t = \sigma_g(W_i x_t + U_i h_{t-1} + b_i)$$
$$o_t = \sigma_g(W_o x_t + U_o h_{t-1} + b_o)$$
$$c_t = f_t \circ c_{t-1} + i_t \circ \sigma_c(W_c x_t + U_c h_{t-1} + b_c)$$
$$h_t = o_t \circ \sigma_h(c_t)$$

各符号的含义如下：

$x_t \in \mathbb{R}^a$：LSTM 单元的输入向量

$f_t \in \mathbb{R}^h$：遗忘门的激活向量

$i_t \in \mathbb{R}^h$：输入门的激活向量

$o_t \in \mathbb{R}^h$：输出门的激活向量

$h_t \in \mathbb{R}^h$：隐藏状态向量，也称为 LSTM 单元的输出向量

$c_t \in \mathbb{R}^h$：单元状态向量

$W \in \mathbb{R}^{h\times d}$，$U \in \mathbb{R}^{h\times h}$ 和 $b \in \mathbb{R}^h$：训练期间需要学习的权重矩阵和偏差向量参数

在这里，LSTM 需要决定要从单元中丢弃什么信息，由遗忘门来完成。它是使用 sigmoid 函数实现的，该函数对隐藏状态和当前输入进行评估，以决定是保留信息还是删除信息。

如果我们想根据前一个单词预测下一个单词，单元存储的信息可能是名词这一词性，从而准确地预测下一个单词。如果我们要忘记之前的词性信息这一主题，那么这个门就派上用场了，如图 5-11 所示。

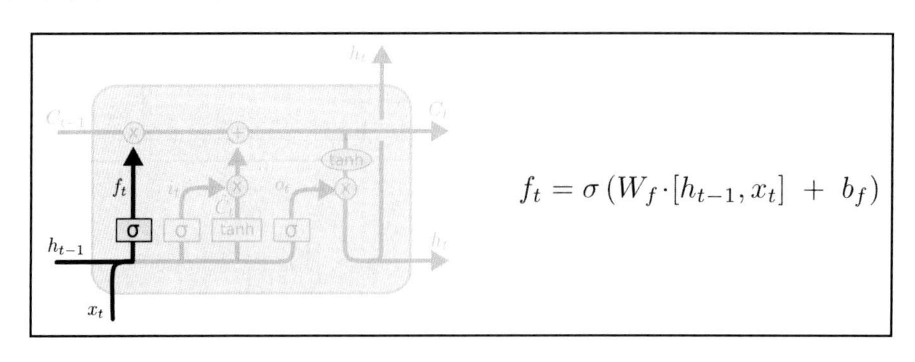

图 5-11

第二步是决定单元应该存储什么信息。在我们的例子中，一旦我们忘记了前一个词性，

它将决定我们应该储存的词性。这分为两部分。第一部分由一个 sigmoid 组成，它决定我们应该更新哪个值。第二部分是一个使用 tanh 的层，用来创建一个候选向量。如图 5-12 所示。

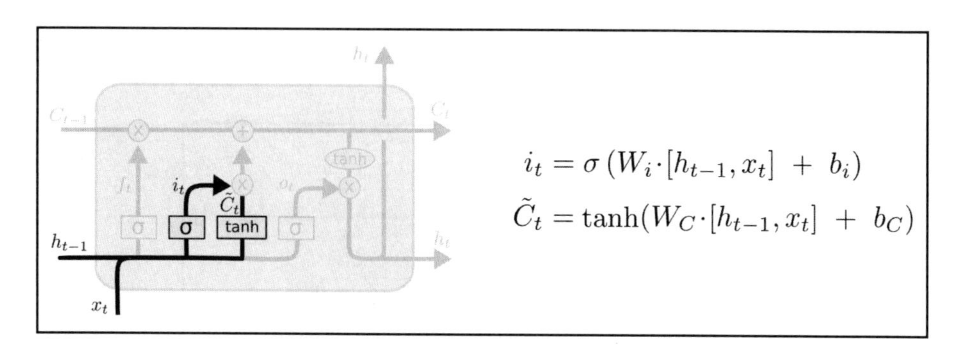

图　5-12

现在，我们已经有了是否应该丢弃这些信息的决策和新的候选值（见图 5-13）。

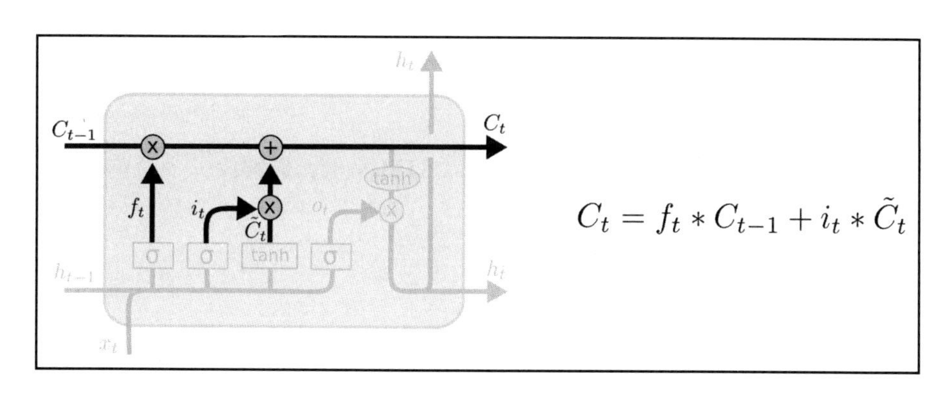

图　5-13

最后，单元决定输出什么。第一部分是决定输出哪些内容，这是由 sigmoid 决定的。第二部分是将这些值的范围压缩到 –1 ～ 1 之间，然后乘以 sigmoid 函数。如图 5-14 所示。

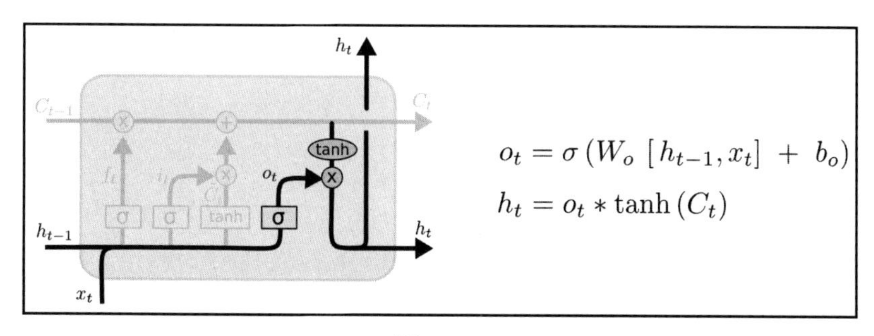

图　5-14

在我们的语言模型任务中，我们可以决定输出有关主语是复数还是单数的信息，从而指示下一个谓语的形式。

门控循环单元（GRU）的工作方式与 LSTM 类似（见图 5-15），但参数较少，因为它们没有输出门。它在某些任务中的性能与 LSTM 相似，但总的来说，LSTM 架构的性能更好。

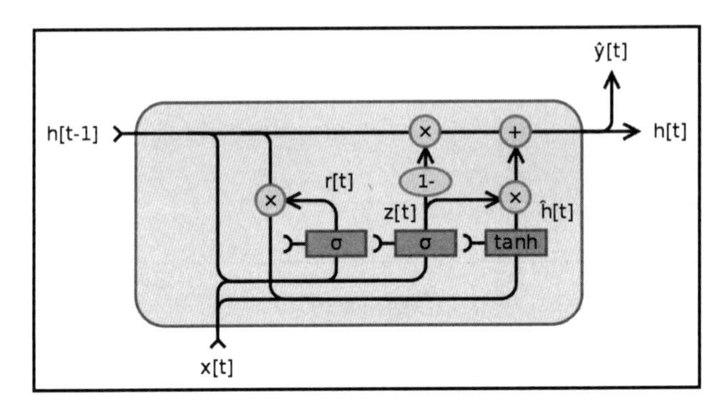

图 5-15

5.2.2 Keras 长短期记忆实现

现在，我们将演示一个使用 keras 实现的 LSTM 示例，以解决一个简单的时间序列预测问题：

1）按以下方式导入所有所需的库：

```
%matplotlib inline
import numpy
import matplotlib.pyplot as plt
from pandas import read_csv
import math
from keras.models import Sequential
from keras.layers import Dense
from keras.layers import LSTM
from sklearn.preprocessing import MinMaxScaler
from sklearn.metrics import mean_squared_error
import os
import numpy as np
import math

# Necessary for some OSX version
os.environ['KMP_DUPLICATE_LIB_OK'] = 'True'

# fix a random seed for reproducibility
numpy.random.seed(11)
```

2）定义一些参数，这些参数在之后会很重要：

```
LEN_DATASET = 100
EPOCHS = 50
BATCH_SIZE = 1

# It's going to be used to
# reshape into X=t and Y=t+1
look_back = 1
```

3）创建数据集：

```
sin_wave = np.array(
    [math.sin(x) + i * 0.1 for i, x in
enumerate(np.arange(LEN_DATASET))])
dataset = sin_wave.reshape(len(sin_wave), 1)
```

前面的命令生成我们要建模的时间序列，如图 5-16 所示。

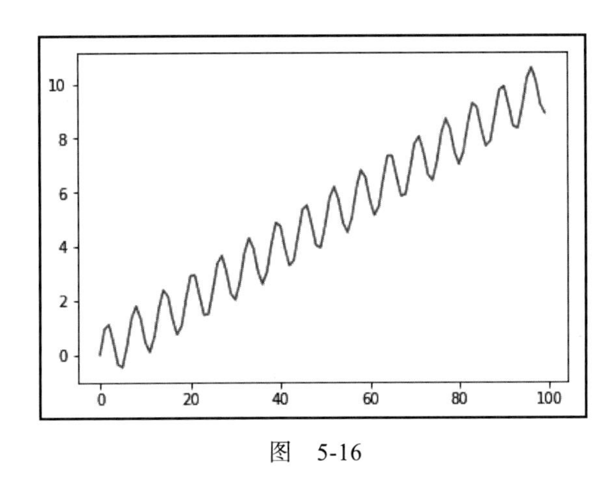

图　5-16

4）定义一个重塑输入数据的函数：

```
def create_dataset(dataset, look_back=1):
    X, Y = [], []
    for i in range(len(dataset) - look_back - 1):
        a = dataset[i:(i + look_back), 0]
        X.append(a)
        Y.append(dataset[i + look_back, 0])
    return numpy.array(X), numpy.array(Y)
```

5）通过执行以下命令来创建一个训练集以拟合模型，并创建一个测试集以验证模型的性能：

```
# normalize the dataset
scaler = MinMaxScaler(feature_range=(0, 1))
dataset = scaler.fit_transform(dataset)
# split into train and test sets
```

```
train_size = int(len(dataset) * 2/3)
test_size = len(dataset) - train_size
train, test = dataset[0:train_size, :],
dataset[train_size:len(dataset), :]

X_train, y_train = create_dataset(train, look_back)
X_test, y_test = create_dataset(test, look_back)
# reshape input to be [samples, time steps, features]
X_train = numpy.reshape(X_train, (X_train.shape[0], 1,
X_train.shape[1]))
X_test = numpy.reshape(X_test, (X_test.shape[0], 1,
X_test.shape[1]))
```

6）定义一个简单的网络。为了实现这一点，我们将使用 keras 中的 LSTM 函数：

```
# create and fit the LSTM network
model = Sequential()
model.add(LSTM(4, input_shape=(1, look_back)))
model.add(Dense(1))
model.compile(loss='mean_squared_error', optimizer='adam')
model.fit(X_train, y_train, epochs=EPOCHS, batch_size=BATCH_SIZE,
verbose=2)
```

7）进行预测：

```
# Making the predictions
predictions_train = model.predict(X_train)
predictions_test = model.predict(X_test)
```

8）对输入数据求标量的倒数：

```
# Re-applying the scaling to the predictions
predictions_train = scaler.inverse_transform(predictions_train)
predictions_test = scaler.inverse_transform(predictions_test)
y_train = scaler.inverse_transform([y_train])
y_test = scaler.inverse_transform([y_test])
```

9）计算均方根误差：

```
# calculate root mean squared error
trainScore = math.sqrt(mean_squared_error(y_train[0],
predictions_train[:, 0]))
testScore = math.sqrt(mean_squared_error(y_test[0],
predictions_test[:, 0]))

print('Train RMSE: %.2f ' % (trainScore))
print('Test RMSE: %.2f ' % (testScore))
```

这将产生以下输出：

```
Epoch 1/50
 - 5s - loss: 0.0991
Epoch 2/50
```

```
 - 0s - loss: 0.0559
Epoch 3/50
 - 0s - loss: 0.0331
Epoch 4/50
 - 0s - loss: 0.0236
Epoch 5/50
 - 0s - loss: 0.0203
Epoch 6/50
 - 0s - loss: 0.0186
Epoch 7/50
 - 0s - loss: 0.0176
```

10）以图形来验证预测的准确度：

```
# shift train predictions for plotting
predictions_train_plot = numpy.empty_like(dataset)
predictions_train_plot[:, :] = numpy.nan
predictions_train_plot[look_back:len(predictions_train) +
look_back, :] = predictions_train

# shift test predictions for plotting
predictions_test_plot = numpy.empty_like(dataset)
predictions_test_plot[:, :] = numpy.nan
predictions_test_plot[len(predictions_train) + (look_back * 2) +
1:len(dataset) -1, :] = predictions_test

# plot baseline and predictions
plt.plot(scaler.inverse_transform(dataset))
plt.plot(predictions_train_plot, label='Training set')
plt.plot(predictions_test_plot, label='Test set')
plt.legend(loc='upper left')
plt.show()
```

如果执行上述命令，将生成图 5-17 所示的图。

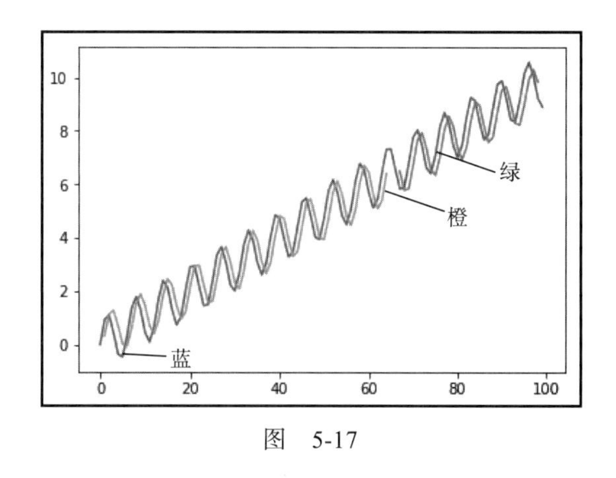

图 5-17

蓝色的线代表整个时间序列，橙色的线代表训练集，绿色的线代表我们的预测（彩图见本书配套下载文件）。

5.3 PyTorch 基础知识

PyTorch 是另一个深度学习框架，它的目标是提供一种使用 Pythonic API 来计算图的有效方法。根据 PyTorch 作者的说法，它有以下两个目标：

- 提供与 NumPy 等价的、能够使用图形处理单元（GPU）的计算能力的功能
- 打造一个深度学习研究平台

PyTorch 与其他流行框架的真正区别在于它采用了动态计算图（DCG）。通常使用的是静态图，因为它可以在目标 GPU 中并行优化并运行。如果我们需要更大的灵活性，这可能是个问题。例如，需要在训练算法时改变执行图。这在自然语言处理（NLP）中特别有用，因为口语表达可以有不同的长度。

为了实现这些目标，它依赖于张量，张量相当于 NumPy 中的 ndarray，但它们也可以在 GPU 上计算：

```
import torch
x, y = 3, 2
# Create a matrix
# of dimension x and y
x = torch.Tensor(x, y)
print(x)
```

PyTorch 的一个基本部分是 autograd 包。它为张量上的所有运算提供了自动微分。要定义一个张量运算，我们需要在 torch.Tensor 中初始化 tensor。如果将 requires_grad 设置为 True，PyTorch 就会开始记录对它的运算。然后，我们对 tensor 调用 backwards()。

要做到这一点，我们需要将 requires_grad 参数设置为 True。这将确保 torch.autograd 记录对 tensor 自动微分的运算。

```
x = torch.tensor([[1., -1.], [1., 1.]], requires_grad=True)
```

然后，要求微分，指定以下命令就足够了：

```
my_tensor.backward()
```

这里会自动计算梯度。我们不需要像之前那样明确定义梯度。现在我们来看一个使用 PyTorch 解决 NLP 预测任务的例子。

时间序列预测

现在我们将演示如何使用 RNN 在一个非常简单的数据集执行词性标注。步骤如下。

1）主要库的导入方法如下：

```
# Author: Robert Guthrie

import torch
import torch.nn as nn
import torch.nn.functional as F
import torch.optim as optim

torch.manual_seed(1)
```

2）创建数据集。我们使用一个小型的例子：

```
#
https://pytorch.org/tutorials/beginner/nlp/sequence_models_tutorial
.html#example-an-lstm-for-part-of-speech-tagging
import numpy as np

def prepare_sequence(seq, to_ix):
    idxs = [to_ix[w] for w in seq]
    return torch.tensor(idxs, dtype=torch.long)


training_data = [
    ("My grandmother ate the polemta".split(), ["DET", "NN", "V",
     "DET", "NN"]),
    ("Marina read my book".split(), ["NN", "V", "DET", "NN"])
]
word_index = {}
for sent, tags in training_data:
    for word in sent:
        if word not in word_index:
            word_index[word] = len(word_index)

print(word_index)
tag_to_ix = {"DET": 0, "NN": 1, "V": 2}

# These will usually be more like 32 or 64 dimensional.
# We will keep them small, so we can see how the weights change as
we train.
EMBEDDING_DIM = 6
HIDDEN_DIM = 6
```

上述命令生成以下输出：

```
{'My': 0, 'grandmother': 1, 'ate': 2, 'the': 3, 'polemta': 4,
'Linda': 5, 'read': 6, 'my': 7, 'book': 8}
```

3）定义 LSTM 模型：

```
class LSTMTagger(nn.Module):

    def __init__(self, embedding_dim, hidden_dim, vocab_size,
    tagset_size):
        super(LSTMTagger, self).__init__()
        self.hidden_dim = hidden_dim

        self.word_embeddings = nn.Embedding(vocab_size,
        embedding_dim)
        # The LSTM takes word embeddings as inputs, and outputs
        hidden states
        # with dimensionality hidden_dim.
        self.lstm = nn.LSTM(embedding_dim, hidden_dim)

        # The linear layer that maps from hidden state space to tag
        space
        self.hidden2tag = nn.Linear(hidden_dim, tagset_size)

    def forward(self, sentence):
        embeds = self.word_embeddings(sentence)
        lstm_out, _ = self.lstm(embeds.view(len(sentence), 1, -1))
        tag_space = self.hidden2tag(lstm_out.view(len(sentence),
        -1))
        tag_scores = F.log_softmax(tag_space, dim=1)
        return tag_scores
```

4）训练网络：

```
# Training the model

model = LSTMTagger(EMBEDDING_DIM, HIDDEN_DIM, len(word_index),
len(tag_to_ix))
loss_function = nn.NLLLoss()
optimizer = optim.SGD(model.parameters(), lr=0.1)


for epoch in range(300): # again, normally you would NOT do 300
epochs, it is toy data
    for sentence, tags in training_data:
        # Step 1. Remember that Pytorch accumulates gradients.
        # We need to clear them out before each instance
        model.zero_grad()

        # Step 2. Get our inputs ready for the network, that is,
        turn them into
        # Tensors of word indices.
        sentence_in = prepare_sequence(sentence, word_index)
        targets = prepare_sequence(tags, tag_to_ix)

        # Step 3. Run our forward pass.
        tag_scores = model(sentence_in)

        # Step 4. Compute the loss, gradients, and update the
        parameters by
        # calling optimizer.step()
        loss = loss_function(tag_scores, targets)
        loss.backward()
```

```
        optimizer.step()

# See what the scores are after training
with torch.no_grad():
    inputs = prepare_sequence(training_data[0][0], word_index)
    tag_scores = model(inputs)

    # The sentence is "my grandmother ate the polenta". i,j
    corresponds to score for tag j
    # for word i. The predicted tag is the maximum scoring tag.
    # Here, we can see the predicted sequence below is 0 1 2 0 1
    # since 0 is index of the maximum value of row 1,
    # 1 is the index of maximum value of row 2, etc.
    # Which is DET NOUN VERB DET NOUN, the correct sequence!
    print(tag_scores)
```

上述命令生成以下结果：

```
tensor([[-0.3892, -1.2426, -3.3890],
        [-2.1082, -0.1328, -5.8464],
        [-3.0852, -5.9469, -0.0495],
        [-0.0499, -3.4414, -4.0961],
        [-2.4540, -0.0929, -5.8799]])
```

注意，我们无法检查算法是否已经学习。

```
import numpy as np

ix_to_tag = {0: "DET", 1: "NN", 2: "V"}

def get_max_prob_result(inp, ix_to_tag):
    idx_max = np.argmax(inp, axis=0)
    return ix_to_tag[idx_max]

test_sentence = training_data[0][0]
inputs = prepare_sequence(test_sentence, word_index)
tag_scores = model(inputs)
for i in range(len(test_sentence)):
    print('{}: {}'.format(test_sentence[i],
    get_max_prob_result(tag_scores[i].data.numpy(),
    ix_to_tag)))
```

现在我们可以验证以下输出是否符合预期：

```
The: DET
dog: NN
ate: V
the: DET
apple: NN
```

5.4 总结

在本章中，我们演示了图灵完备的 RNN 如何近似任何函数，尤其探讨了如何解决与时间相关的序列数据或时间序列数据问题。

特别是，我们学习了如何实现 LSTM 及其架构，了解了它捕获长期和短期依赖关系的能力。LSTM 具有链状结构，类似于简单的 RNN。然而，它有四个神经网络层而不是一个。这些层形成一个门，允许网络在满足某些条件时添加或删除信息。

此外，我们还学习了如何使用 `keras` 实现 RNN。我们也介绍了另一个工具 PyTorch，它对于 NLP 等复杂的任务特别有用。PyTorch 允许你动态地计算执行图，这对于具有可变数据的任务特别有用。

在第 6 章中，我们将探索如何利用网络来训练和解决它们所训练的不同任务的问题。

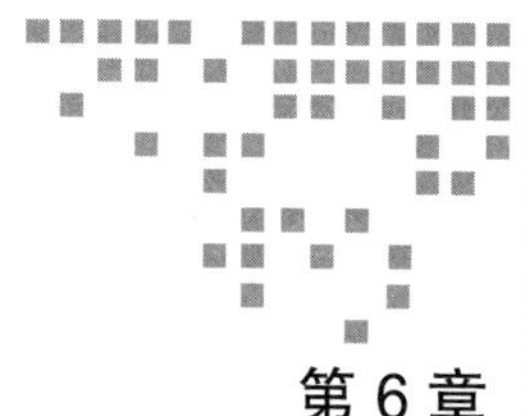

第6章 Chapter 6

利用迁移学习重用神经网络

人类的学习方式与机器的学习方式之间存在根本差异。对于人类来说，一个明显的优势是我们具有在不同领域之间迁移知识的能力。到目前为止，我们仅探讨了使用模型学习任务的技术，例如图像识别。在本章中，我们将看到如何泛化学习并使用针对其他任务训练的模型来解决不同的问题。我们还将探索一个 PyTorch 的迁移学习（Transfer Learning，TL）代码示例。

6.1 迁移学习理论

如前几章所述，神经网络（NN）的隐藏层可用于自动地在彼此之上构建特征。这种从原始数据自动构建特征的方法非常有效。例如，如果我们要构建一种图像分类算法来对不同类型的艺术品进行分类，则无须手工制作特征，我们可以将此过程交由网络处理。

这还具有一个优势，即为我们的任务中重要的主要特征创建不同且紧凑的表示形式。这些可以潜在地用于算法生成分类对象的新实例。在我们的示例中，我们将能够生成逼真的艺术品。我们将在第7章中更详细地了解如何使用生成算法生成新实例。

神经网络还有一个重要的方面。你可能想知道神经网络的特征对它们所接受的任务有多具体。事实证明，它们可以对经过一项任务训练的网络进行重用，通过较小的调整来解决类似的任务。

这个过程被称为迁移学习，当你没有太多可用的数据，但有一个经过类似任务训练的高性能网络时，这个过程尤其有用。例如，经过训练识别汽车的网络可以被重用来识别卡车。当然，有必要做一些修改，但是重用网络的一部分有以下几个优点：

- 训练网络所需时间较少
- 所需数据较少
- 训练较简单

另一方面，该过程也存在一些问题和局限性。使用 TensorFlow 可能会遇到的问题是你对任务相似性不准确的假设。另外，如果你对 TensorFlow 背后的理论没有很好的了解，则可能会失去可视性并将问题复杂化。这是因为通过隐藏其中的复杂性之一，将更加难以找出导致网络无法按预期运行的原因。

6.1.1 多任务学习介绍

多任务学习（MTL）是一种针对不同任务同时训练模型的算法。通过这种方式，网络创建了更通用的权重，并且不依赖于特定任务。通常这些模型更具适应性和灵活性。

有关更多信息，请参考 https://www.datacamp.com/community/tutorials/transfer-learning。

完成此任务后，我们将拥有一些初始共享层。

假设对网络进行不同任务的训练将使网络能够推广到更多任务，并保持良好的性能水平。其实现方法是创建一些更通用的层。

6.1.2 重用其他网络作为特征提取器

迁移学习的另一个主流应用是使用预训练的网络来提取有用的特征。为了能够应用此技术，我们需要在类似任务上找到预先训练好的网络，然后我们需要针对任务对其进行自定义。

6.2 实现多任务学习

现在，我们将更详细地了解在多任务学习中需要执行的操作。

实现多任务学习有多种方法。常用的两种方法如下：

- **硬参数共享**（hard parameter sharing）：这是实现多任务学习最常用的方法，它包括在所有任务中共享一些隐藏层，而其他层则保留每个特定任务，如图 6-1 所示。

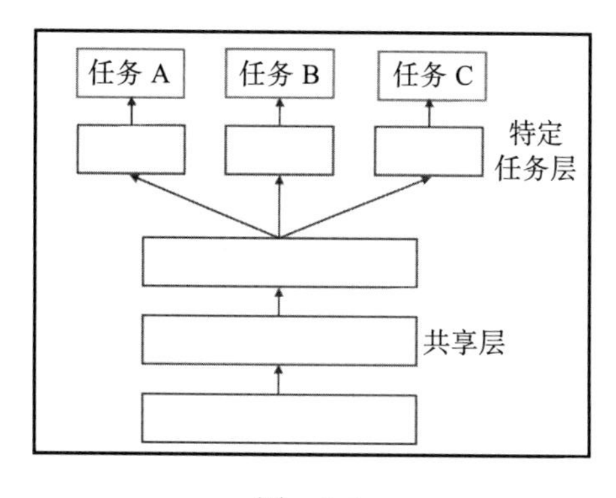

图　6-1

这种方法的主要优点是难以过拟合。过拟合对于神经网络来说是一个问题，但是在这种情况下，任务越多，过拟合的危险就越小。我们非常清楚这点，因为过拟合会创建一个对我们提供的数据集非常具体的解决方案，而在这种情况下，通过设计，我们将拥有更为通用的任务和多样化的数据集。

- **软参数共享**（soft parameter sharing）：通过软参数共享，我们有一个模型，但是每个任务都有自己的参数。在这种情况下，我们在不同的任务上训练整个网络，但是随后我们添加了一个约束以确保参数总体上是相似的（见图 6-2）。通常使用正则化技术来实现这一点，特别是 L2 范数。这种标准化类型会对网络同一级别的参数之间的巨大差异施加限制。

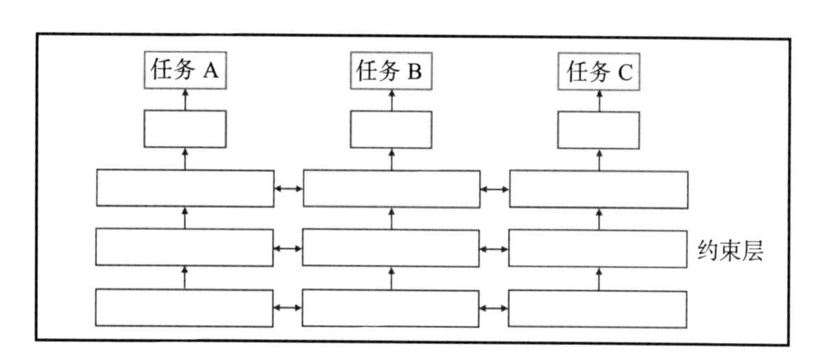

图　6-2

与经典的学习策略相比，实施任何多任务学习策略都具有一些优势。具体来说，我们可以完成的主要工作如下：

- **增加数据集**：通过使用不同的任务，我们将有更多数据可用于训练网络。
- **正则化**：通过对权重进行约束，我们可以实现正则化。

- **增加了通用特征的重要性**：多任务学习将确保权重能够记住更多通用特征，因为特定任务的特征会增加其他任务的错误。如果没有发生这种情况，我们将有一种称为**负迁移**的方法，其中特定于任务的特征将对另一个任务产生负面影响。
- **窃听**：某些特征在一项任务中易于学习，而在另一项任务中则难以学习。多任务学习通过处理大量任务来增加学习更多有趣特性的机会。

6.3 特征提取

进行迁移学习的另一种较简单但通常效率较低的方法是将经过特定任务训练的网络用作特征提取器。这样，我们提取的特征将非常依赖于任务。

但我们也知道，在不同层中创建的特征遵循层次结构，该结构将在以下不同层中学习图像的高级表示形式：

- **较低层**：较低层中的特征是非常低级的。这意味着它们非常通用且简单。在第一层中提取的特征可以是直线、边或线性关系。我们之前看到过，可以用第一层描述线性关系。第二层能够捕获更复杂的形状，例如曲线。
- **较高层**：较高层的特征将更高级地描述我们的输入。它的某些部分可能对一项任务过于具体，而其他部分则可以进行调整。例如，如果任务是对鸟类进行分类，你将能够看到喙和头部的一部分。
- **最后一层**：根据任务，这是特征创建的结束点和分类开始的地方。

根据这两个任务的相似程度，我们将确定应使用新任务中的数据重新训练多少网络。

6.4 在 PyTorch 中实现迁移学习

现在，我们将通过执行以下步骤来了解如何在 PyTorch 中实现迁移学习。我们将使用标准训练集、猫和狗，以及预先训练的网络：

1）导入必要的库，如下所示：

```
import torch
import torchvision
import torch.nn as nn
import numpy as np
import torch.optim as optim
from torchvision import models
from torchvision import transforms
```

```
import copy
import os
from os import listdir
import shutil
from torchvision import datasets
import random
from torch.optim import lr_scheduler
import matplotlib.pyplot as plt
```

2）现在，我们将使用简便的 PyTorch 函数：

```
# # Create train and test dataset

data_dir = os.path.join('kagglecatsanddogs_3367a','PetImages')

# # Create the train and test set folder
train_dir = os.path.join(data_dir, 'train')
validation_dir = os.path.join(data_dir, 'validation')
train_dir_cat = os.path.join(train_dir,'Cat')
train_dir_dog = os.path.join(train_dir,'Dog')
validation_dir_cat = os.path.join(validation_dir,'Cat')
validation_dir_dog = os.path.join(validation_dir,'Dog')

try:
    os.mkdir(train_dir)
    os.mkdir(train_dir_dog)
    os.mkdir(train_dir_cat)
    os.mkdir(validation_dir)
    os.mkdir(validation_dir_dog)
    os.mkdir(validation_dir_cat)
except FileExistsError:
    print('File exists')

dir_cat = os.path.join(data_dir,'Cat')
dir_dog = os.path.join(data_dir,'Dog')

files_cat = [os.path.join(dir_cat, f) for f in os.listdir(dir_cat)
if os.path.isfile(os.path.join(dir_cat, f))]
files_dog = [os.path.join(dir_dog, f) for f in os.listdir(dir_dog)
if os.path.isfile(os.path.join(dir_dog, f))]

msk_cat = np.random.rand(len(files_cat)) < 0.8
msk_dog = np.random.rand(len(files_dog)) < 0.8

rand_items_cats = random.sample(files_cat, int(len(files_cat)*0.8))
rand_items_dogs = random.sample(files_dog, int(len(files_dog)*0.8))


# # validation_data
# # train_data
def move_file_list(directory, file_list):
    for f in file_list:
        f_name = f.split('/')[-1]
        shutil.move(f, os.path.join(directory, f_name))

move_file_list(train_dir_dog, rand_items_dogs)
```

```
move_file_list(train_dir_dog, rand_items_dogs)

files_cat_v = [os.path.join(dir_cat, f) for f in
os.listdir(dir_cat) if os.path.isfile(os.path.join(dir_cat, f))]
files_dog_v = [os.path.join(dir_dog, f) for f in
os.listdir(dir_dog) if os.path.isfile(os.path.join(dir_dog, f))]

move_file_list(validation_dir_cat, files_cat_v)
move_file_list(validation_dir_dog, files_dog_v)
```

3）现在我们已经创建了数据集，我们可以按以下方式加载数据：

```
# !!!!!!Original!!!!
# Data augmentation and normalization for training
# Just normalization for validation
mean = np.array([0.5, 0.5, 0.5])
std = np.array([0.25, 0.25, 0.25])

data_transforms = {
    'train': transforms.Compose([
        transforms.RandomResizedCrop(224),
        transforms.RandomHorizontalFlip(),
        transforms.ToTensor(),
        transforms.Normalize(mean, std)
    ]),
    'validation': transforms.Compose([
        transforms.Resize(256),
        transforms.CenterCrop(224),
        transforms.ToTensor(),
        transforms.Normalize(mean, std)
    ]),
}

image_datasets = {x: datasets.ImageFolder(os.path.join(data_dir,
x),
                                          data_transforms[x])
                  for x in ['train', 'validation']}
dataloaders = {x: torch.utils.data.DataLoader(image_datasets[x],
batch_size=4, shuffle=True, num_workers=4)
              for x in ['train', 'validation']}
dataset_sizes = {x: len(image_datasets[x]) for x in ['train',
'validation']}
class_names = image_datasets['train'].classes

device = torch.device("cpu")
```

4）我们还创建一个函数来可视化来自张量的图像，如下所示：

```
def imshow(input_image, title=None):
    """Plot the input tensor as animage"""
    input_image = input_image.numpy()
    input_image = input_image.transpose((1, 2, 0))
    input_image = std * input_image + mean
    plt.imshow(input_image)
    plt.title(title)
```

5）使用以下代码查看输出情况：

```
# Get a batch of training data
inputs, classes = next(iter(dataloaders['train']))

# Make a grid from batch
out = torchvision.utils.make_grid(inputs)

imshow(out, title=[class_names[x] for x in classes])
```

前面的命令生成如图 6-3 所示的输出。

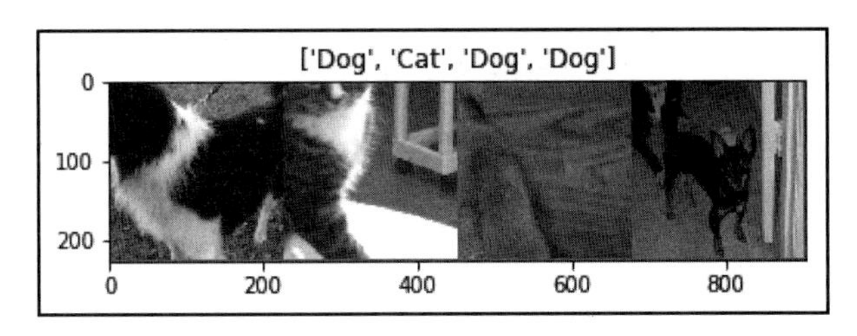

图 6-3

6）通过执行以下代码块来重新训练模型：

```
def train_model(model, criterion, optimizer, scheduler, epochs=10):

    best_model_wts = copy.deepcopy(model.state_dict())
    best_acc = 0.0

    for epoch in range(epochs):
        print('Epoch {} of a total of {}'.format(epoch, epochs -
1))

        # Each epoch has a training and validation phase
        for phase in ['train', 'validation']:
        if phase == 'train':
            scheduler.step()
            model.train() # Set model to training mode
        else:
            model.eval() # Set model to evaluate mode

        running_loss = 0.0
        running_corrects = 0

        # Iterate over data.
        for inputs, labels in dataloaders[phase]:
            inputs = inputs.to(device)
            labels = labels.to(device)

            # zero the parameter gradients
            optimizer.zero_grad()
```

```
                # forward
                # track history if only in train
                with torch.set_grad_enabled(phase == 'train'):
                    outputs = model(inputs)
                    _, preds = torch.max(outputs, 1)
                    loss = criterion(outputs, labels)

                    # backward + optimize only if in training phase
                    if phase == 'train':
                        loss.backward()
                        optimizer.step()

                # statistics
                running_loss += loss.item() * inputs.size(0)
                running_corrects += torch.sum(preds == labels.data)

            epoch_loss = running_loss / dataset_sizes[phase]
            epoch_acc = running_corrects.double() /
            dataset_sizes[phase]

            print('{} Loss: {:.4f} Acc: {:.4f}'.format(
                phase, epoch_loss, epoch_acc))

            # deep copy the model
            if phase == 'val' and epoch_acc > best_acc:
                best_acc = epoch_acc
                best_model_wts = copy.deepcopy(model.state_dict())

        print()

    print('Training finish')
    print('Best val Acc: {:4f}'.format(best_acc))

    # load best model weights
    model.load_state_dict(best_model_wts)
    return model
```

现在我们可以定义模型了。为此，我们将使用 torchvision 中可用的著名的预训练模型。

我们将使用名为 resnet18 的模型。ResNet 是使用深度残差学习的网络家族，其中各层明确地参考输入层来学习残差函数。这样可以训练更深层次的网络（见图 6-4）。

经验证据表明，这些网络更容易优化，并且可以随着深度的增加而提高准确度。现在有了一个好的模型，我们可以应用从迁移学习中学到的原理。

ResNet-18 是在 ImageNet 数据集上训练的，该图像数据集是用于一百万个图像组成的常规对象识别的开源数据集。结果如下所示。

Network	Top-1 error	Top-5 error
ResNet-18	30.24	10.92

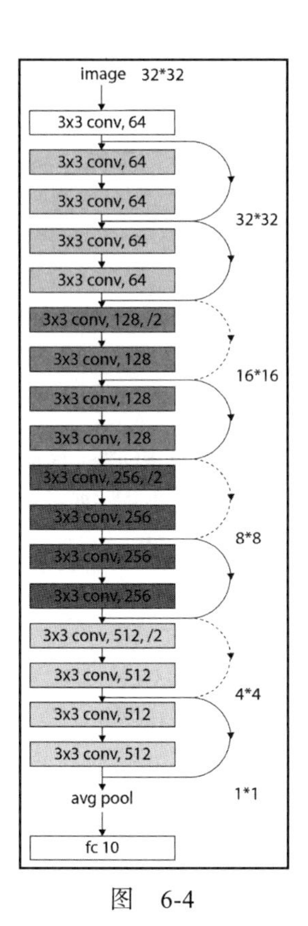

图　6-4

现在，加载训练后的模型：

```
model_ft = models.resnet18(pretrained=True)
```

现在，我们要使用网络已经具有的特征，但要使其适应新任务。就像我们说过的，我们需要更改的层是发生分类的最后一层。我们之所以需要它是因为我们以前有多个输出，而对于此任务，我们只需要二元分类输出。

在 PyTorch 中，这非常简单：用二元分类器覆盖最后一层就足够了。我们决定使用线性函数。为了创建合适的线性分类器，我们不仅要记住我们想要的输出数量（2），而且还要记住我们将从网络输入中接收的特征数量：

```
model_ft.fc = nn.Linear(num_features, 2)
criterion = nn.CrossEntropyLoss()
# criterion = nn.BCEWithLogitsLoss()
# criterion = nn.BCELoss()
# Observe that all parameters are being optimized
optimizer_ft = optim.SGD(model_ft.parameters(), lr=0.001, momentum=0.9)
```

```
# Decay LR by a factor of 0.1 every 7 epochs
exp_lr_scheduler = lr_scheduler.StepLR(optimizer_ft, step_size=4,
gamma=0.1)
```

现在我们可以对其进行如下训练：

```
model_ft = train_model(model_ft, criterion, optimizer_ft, exp_lr_scheduler,
dataloader_training=dataloaders_train,
Sdataloader_validation=dataloaders_validation, epochs=1)
```

6.5 总结

在本章中，我们解释了迁移学习的主要概念。我们还了解了多任务学习和它的实现。然后，我们学习了特征提取。最后，我们学习了如何在 PyTorch 中实现迁移学习。

在第 7 章中，我们将看到生成器和判别器在如何助力形成 GAN 的基础之间的差异。

第三部分 Part 3

高级应用领域

在本部分中，我们将学习更高级的概念以及它们如何在从生成到顺序决策的众多任务中使用。

Chapter 7 第7章

使用生成算法

生成算法是无监督学习技术的一部分。它们是过去十年来机器学习中最具创新性的概念之一：生成对抗网络（GAN）。在本章中，我们将着眼于生成模型在近几年的变化和发展。

一个生成模型可以学习模仿它的任何分布。它的潜力是巨大的，因为可以教它在任何领域重建类似的模型。其中一些领域包括但不限于以下方面：

- 图像
- 音乐
- 语音
- 文本
- 视频

有许多已经发表的论文概述了GAN的发展，在本章的最后列出了一些值得注意的链接。

7.1 判别算法与生成算法

为了更好地理解生成算法，可以将它们与判别算法进行比较。当输入数据被送入判别算法时，它的目的是预测数据所属的标签。因此，该算法旨在将特征映射到标签。而生成算法则恰恰相反，其目标是通过给定标签来预测特征。

让我们在电子邮件是不是垃圾邮件的上下文中比较这两种类型的模型。我们可以将 x

作为模型特征，例如电子邮件中的所有单词。我们还可以考虑目标变量 y，以说明电子邮件是否真的是垃圾邮件。在这种情况下，判别模型和生成模型的目的是回答以下问题：

- 判别模型 $p(y|x)$：假设输入特征是 x，那么电子邮件为垃圾邮件的概率是多少？
- 生成模型 $p(x|y)$：假设电子邮件是垃圾邮件，那么输入特征为 x 的概率是多少？

换句话说，判别模型学习类之间的边界，而生成模型学习对单个类的分布进行建模，如图 7-1 所示。

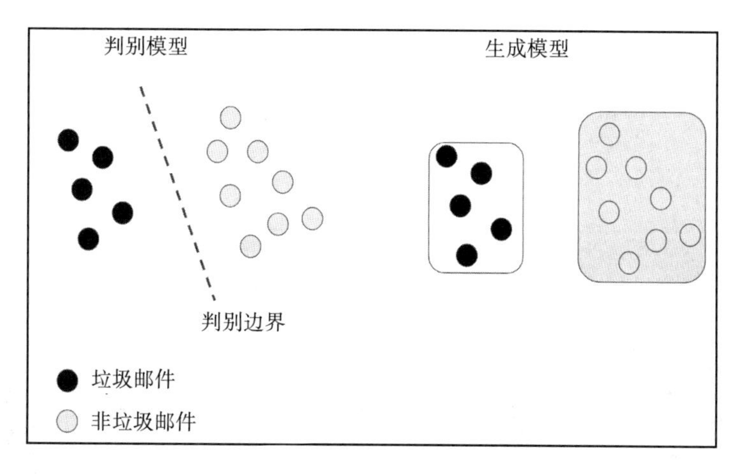

图　7-1

生成模型通过以下贝叶斯定理来学习预测联合概率：

$$p(x \mid y) = \frac{p(y \mid x)p(x)}{p(y)}$$

在这里，让我们来看看前面的各项：

- $p(y|x)$ 是一个条件概率，即给定 x 时，y 的概率
- $p(x|y)$ 也是一个条件概率，即给定 y 时，x 的概率
- $p(x)$ 和 $p(y)$ 是独立观察 x 和 y 的概率

以下是一些判别分类器的例子：

- 逻辑（logistic）回归
- 最近邻法
- 支持向量机（SVM）

以下是一些生成分类器的例子：

- 朴素贝叶斯

- ❑ 隐马尔可夫模型（HMM）
- ❑ 贝叶斯网络

7.2 理解 GAN

GAN 由两个神经网络组成：一个生成器和一个判别器。它们能够生成新的合成数据。生成器输出新的数据实例，判别器确定提供给它的每个数据实例是否属于训练数据集。

图 7-2（此图像来自 https://arxiv.org/pdf/1406.2661.pdf）给出了一个 GAN 在 MNIST 和 Toronto Face 数据集上的输出。在这两种情况下，网格最右侧的图像是真实的值，其他的图像是由模型生成的。

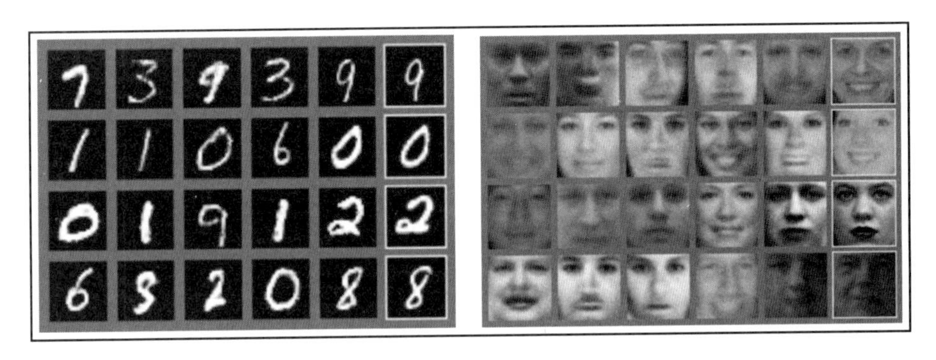

图 7-2

让我们在使用 MNIST 数据集的情况下进一步考虑这个问题，其中 GAN 的目标是生成类似的手写数字图像。生成器在网络中的作用是创建新的合成图像。然后将这些图像传递给判别器。判别器的目标是识别来自生成器的图像是真实的还是虚假的。而生成器的目标是生成不会被判别器归类为虚假的图像。因此，判别器和生成器具有相反的目标（`loss`）函数，这意味着如果一个模型改变了它们的行为，那么另一个也会改变。

以下是 GAN 所采取的步骤：

1）送入随机数到生成器中并生成图像。

2）生成的图像与从真实数据集获取的其他图像一起被送入判别器。

3）判别器会考虑所有被送入的图像，并返回一个概率，判断图像是真实的还是虚假的。

请看图 7-3。

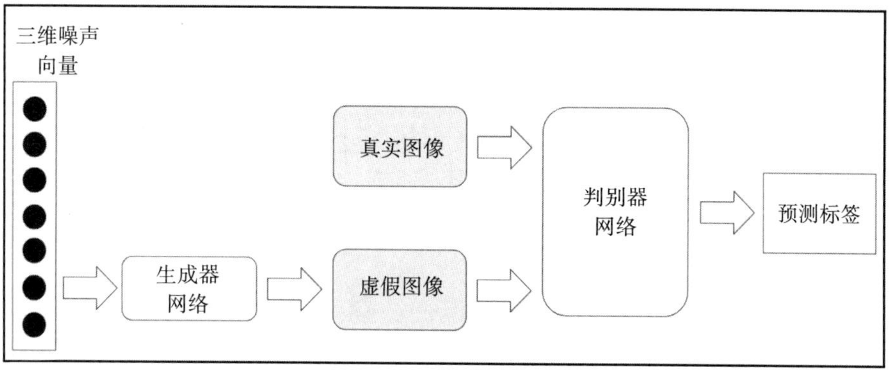

三维噪声
向量
真实图像
判别器
网络
预测标签
生成器
网络
虚假图像

图　7-3

判别器网络只是一个标准的卷积网络，它对被送入的图像进行分类。它对图像进行下采样，并以二元分类方式对图像进行分类，将每张图像标记为真实或虚假，如图 7-4 所示。

判别器
真实图像
8
判别器
真实图像的概率
虚假图像的概率
虚假图像
8

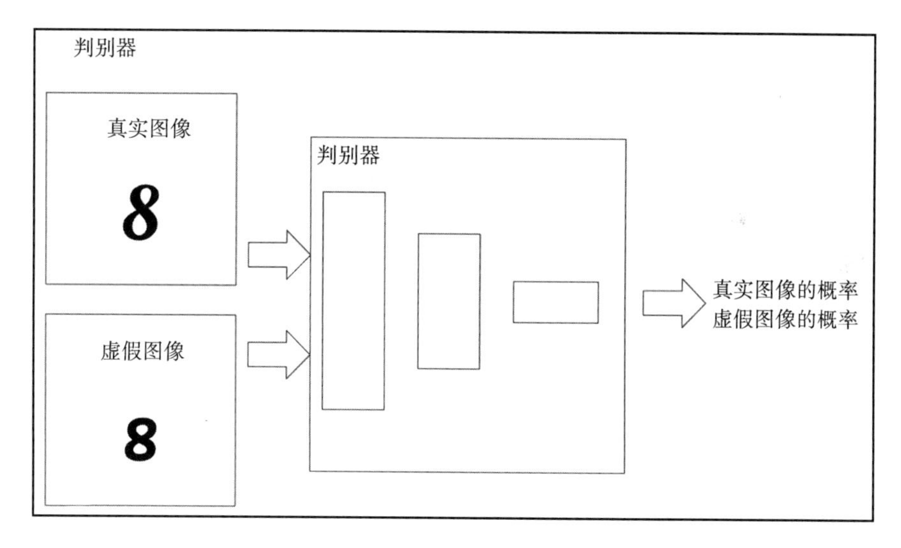

图　7-4

相反，生成器本质上与卷积网络相反。生成器将随机噪声进行上采样，输出图像（如图 7-5 所示）。

7.2.1　训练 GAN

GAN 的训练过程如下：

- **训练判别器**：生成器的值应该保持不变。
- **训练生成器**：判别器应该针对原始数据集进行预训练。

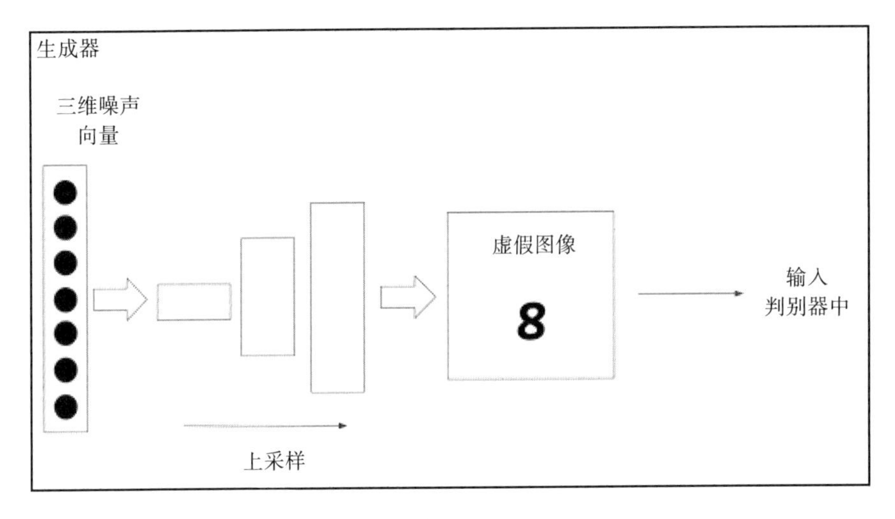

图 7-5

如果 GAN 的其中一方的性能显著高于另一方，则 GAN 的任何一方都可以压倒另一方。例如，如果判别器的性能过高，则它将返回一个非常接近 0 或 1 的值，而生成器将很难读取梯度。而如果生成器的性能过高，则会不断地利用判别器的弱点，导致假阴性。

图 7-6 以一个二元分类问题为例，说明了训练过程中的这种两难境地。我们想要阻止 GAN 的任何一方获胜，以便双方能够在较长时间内继续共同学习。

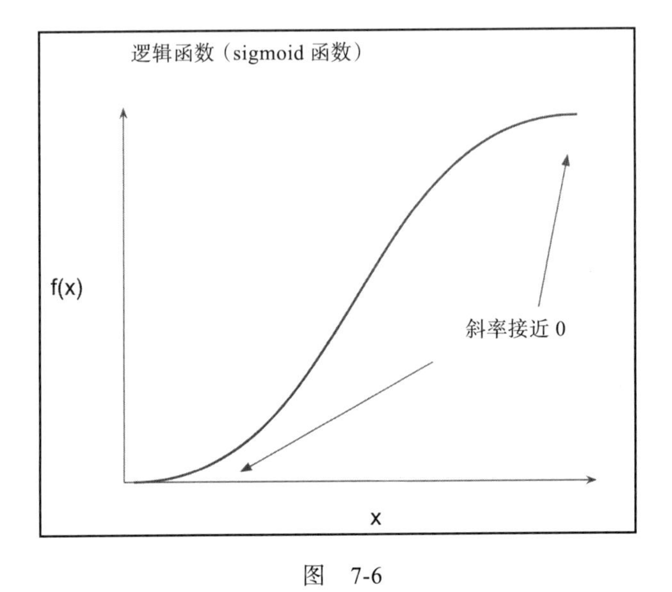

图 7-6

7.2.2　GAN 面临的挑战

GAN 经常面临以下主要挑战：

- **模式崩溃**：生成器崩溃并产生有限种类的样本
- **梯度减少**：判别器表现得太好，生成器梯度消失而无所作为
- **灵敏度高**：生成器和判别器对超参数选择高度敏感
- **过拟合**：生成器和判别器之间的不平衡会导致过拟合
- **训练时间长**：如果在 GPU 上训练模型，可能需要数小时
- **不收敛**：模型可能永远不会收敛，因为参数可能会振荡和不稳定

我们将考虑 MNIST 数据集，其中有 10 种主要模式：数字 0 到 9。图 7-7（此图像来自 https://arxiv.org/pdf/1611.02163.pdf）是由两个不同的 GAN 生成的。网格的第一行输出所有 10 种模式（即从 0 到 9 的所有数字），而第二行只输出单个模式（即数字 6），这是模式崩溃的一个例子。

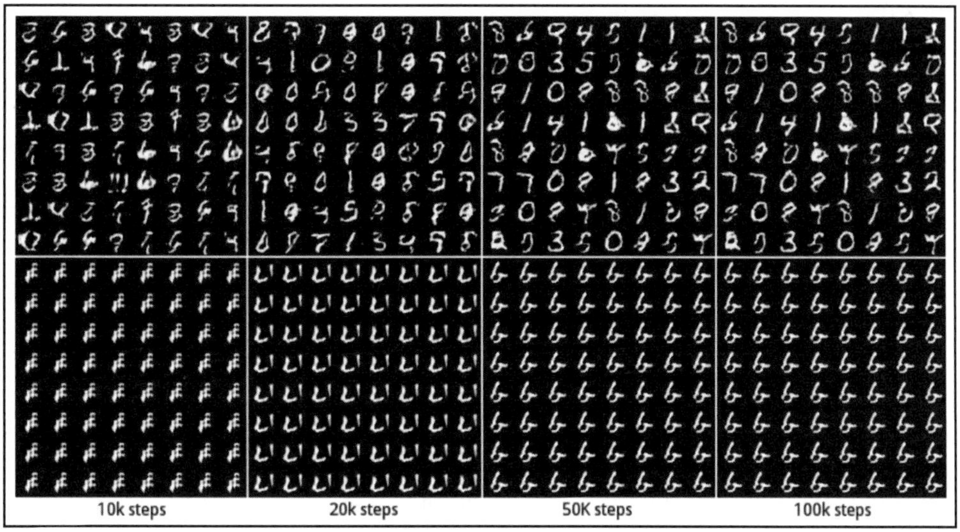

图　7-7

模式崩溃是 GAN 中最难解决的问题之一。虽然完全崩溃并不常见，但部分崩溃经常发生。图 7-8（此图像来自 https://arxiv.org/pdf/1703.10717.pdf）显示当模式开始崩溃时，带有相同下划线颜色的照片看起来很相似[⊖]。

⊖　彩色图像请在华章图书官网或图像来源处查看。——编辑注

图 7-8

克服模式崩溃是当前一个活跃的研究领域。有许多不同的方式来处理模式崩溃，但是没有一个有效的方法来完全解决这个问题。可以用来减轻问题严重性的一些已知技术如下：

- **小批量识别**：这个想法是使用一个批次内的样本来评估整个批次是否真实。如果生成器生成的样本外观相似，则可以通过表示样本多样性的项（term）的合并，来对生成器进行处罚。这一项可以添加到生成器的成本函数中。因此，生成器被迫生成不同的样本。
- **经验回放**：为了防止生成器轻易骗过判别器，我们可以将之前生成的样本显示给判别器。
- Wasserstein GAN（WGAN）：传统的 GAN 旨在最小化生成器的分布与实际数据的分布之间的 Jensen-Shannon 差异（也称为 JS 散度）。但是，事实证明，最小化 Wasserstein 距离在减少模式崩溃方面更为有效。

7.3 GAN 的发展变化和时间线

近年来，GAN 研究取得了许多重大进展。图 7-9 的时间线显示了一些最值得注意的进展。

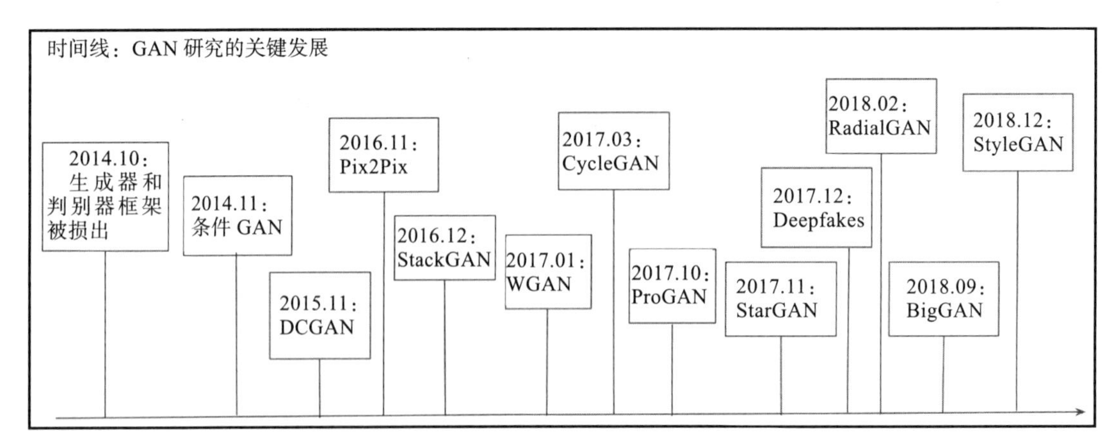

图 7-9

本章将深入介绍这些发展、应用和结果。

7.3.1　条件 GAN

条件 GAN 是一个中心主题，它构成了许多最新 GAN 的基础。Mirza 和 Osindero 在 2014 年提交的论文展示了整合数据类标签如何在 GAN 训练中产生更大的稳定性。这种利用先验信息对 GAN 进行调节的思想是未来 GAN 研究的一种常用方法，如图 7-10（此图像来自 https://arxiv.org/pdf/1411.1784.pdf）所示。对于主要关注图像到图像或文本到图像应用的论文来说，这一点尤其重要。

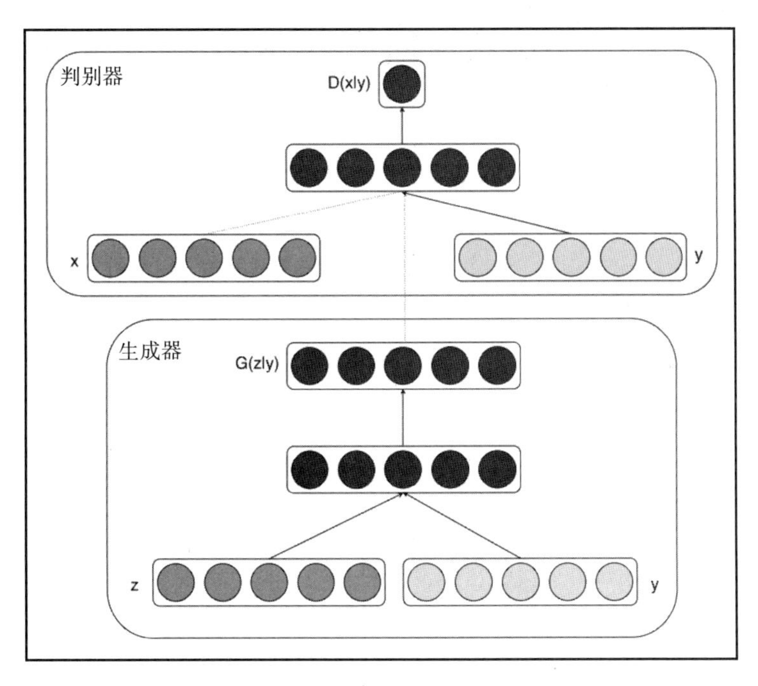

图　7-10

7.3.2　DCGAN

深度卷积生成对抗网络（DCGAN）是一种常用的 GAN 网络设计。它结合了关键的卷积神经网络（CNN）的概念，以克服之前概述的一些挑战，从而生成更好的图像。图 7-11（此图像来自 https://arxiv.org/pdf/1511.06434.pdf）的照片展示了 DCGAN 在训练卧室图像时生成的一些图像。

图 7-11

DCGAN 内生成器的网络设计如图 7-12（此图像来自 https://arxiv.org/pdf/1511.06434.pdf）所示。

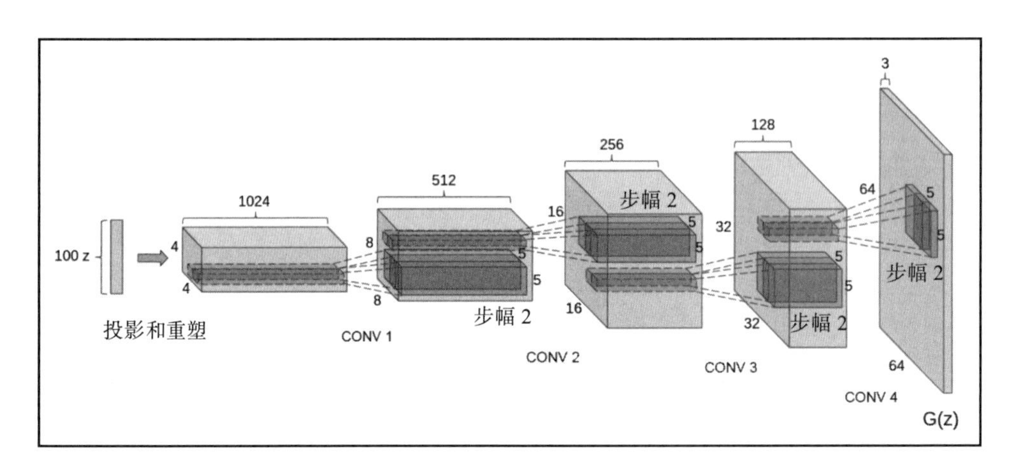

图 7-12

DCGAN 架构由以下几个方面组成：

- ❑ 除生成器的输出层和判别器的输入层外，其余均采用归一化批处理
- ❑ 卷积步幅取代所有最大池
- ❑ 卷积层被消除
- ❑ 除输出层使用 tanh 外，生成器使用修正线性单元（ReLU）激活函数
- ❑ 在判别器中使用 Leaky ReLU 激活函数

1. ReLU 和 Leaky ReLU

ReLU 激活函数取输入值与 0 之间的最大值。有时，使用 ReLU 激活函数，网络会陷入流行状态（称为*死亡状态*），因为它对所有输出只生成 0。

Leaky ReLU 通过允许一些负值通过来防止死亡状态。如果 Leaky ReLU 激活函数的输入是正的，那么输出也将是正的。类似地，如果输入为负，则输出将是受控的负值。这个负值是参数 alpha 控制的，它通过允许一些负值通过来引入对网络的容差（见图 7-13）。

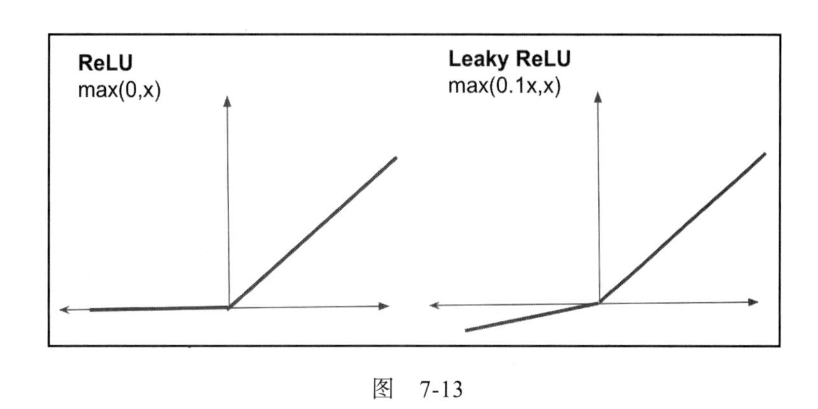

图 7-13

2. DCGAN——编码示例

现在，我们有一个使用 Keras 库和 MNIST 数据集训练 DCGAN 的编码示例，通过执行以下步骤生成合成图像：

1）首先，导入必要的库：

```
from keras.models import Sequential,Model
from keras.layers import *
from keras.datasets import mnist
from keras.optimizers import Adam
from keras.layers.advanced_activations import LeakyReLU
from tqdm import tqdm
```

2）现在导入 MNIST 数据集，将其拆分为训练数据集和测试数据集，并按如下方式进行规范化：

```
(X_train,Y_train),(X_test,Y_test) = mnist.load_data()
X_train = np.reshape(X_train,(60000,28,28,1)).astype('float32')
X_test = np.reshape(X_test,(10000,28,28,1)).astype('float32')
# Normalize the images between -1 to 1
X_train = (X_train - 127.5)/127.5
```

3）定义生成器模型：

```
def generator_model():
model = Sequential()
model.add(Dense(128*7*7,input_dim = 100, activation =
LeakyReLU(0.1)))
model.add(BatchNormalization())
model.add(Reshape((7,7,128)))
model.add(UpSampling2D())
model.add(Conv2D(64,(5,5), padding = 'same', activation =
LeakyReLU(0.1)))
model.add(BatchNormalization())
model.add(UpSampling2D())
model.add(Conv2D(1,(5,5), padding = 'same', activation = 'tanh'))
return model
generator_model = generator_model()
```

上述代码生成如图 7-14 所示的输出。

```
Layer (type)                 Output Shape              Param #
=================================================================
dense_7 (Dense)              (None, 6272)              633472
_________________________________________________________________
batch_normalization_9 (Batch (None, 6272)              25088
_________________________________________________________________
reshape_5 (Reshape)          (None, 7, 7, 128)         0
_________________________________________________________________
up_sampling2d_9 (UpSampling2 (None, 14, 14, 128)       0
_________________________________________________________________
conv2d_13 (Conv2D)           (None, 14, 14, 64)        204864
_________________________________________________________________
batch_normalization_10 (Batc (None, 14, 14, 64)        256
_________________________________________________________________
up_sampling2d_10 (UpSampling (None, 28, 28, 64)        0
_________________________________________________________________
conv2d_14 (Conv2D)           (None, 28, 28, 1)         1601
=================================================================
Total params: 865,281
Trainable params: 852,609
Non-trainable params: 12,672
_________________________________________________________________
None
```

图 7-14

4）定义判别器模型，其中输入的是来自 MNIST 数据集的真实图像和生成器创建的虚假图像：

```
def discriminator_model():
model = Sequential()
model.add(Conv2D(64,(5,5),padding = 'same',input_shape = (28,28,1)
, activation = LeakyReLU(0.1) , subsample = (2,2)))
model.add(Dropout(0.3))
model.add(Conv2D(128,(5,5),padding = 'same', activation =
LeakyReLU(0.1) , subsample = (2,2)))
model.add(Dropout(0.3))
model.add(Flatten())
model.add(Dense(1,activation = 'sigmoid'))
return model
```

上述代码生成如图 7-15 所示的输出。

```
Layer (type)                 Output Shape              Param #
=================================================================
conv2d_3 (Conv2D)            (None, 14, 14, 64)        1664
_________________________________________________________________
dropout_1 (Dropout)          (None, 14, 14, 64)        0
_________________________________________________________________
conv2d_4 (Conv2D)            (None, 7, 7, 128)         204928
_________________________________________________________________
dropout_2 (Dropout)          (None, 7, 7, 128)         0
_________________________________________________________________
flatten_1 (Flatten)          (None, 6272)              0
_________________________________________________________________
dense_2 (Dense)              (None, 1)                 6273
=================================================================
Total params: 212,865
Trainable params: 212,865
Non-trainable params: 0
_________________________________________________________________
```

图 7-15

5）用 Adam 优化器编译生成器和判别器：

```
generator_model.compile(loss = 'binary_crossentropy' , optimizer =
Adam())
discriminator_model.compile(loss = 'binary_crossentropy' ,
optimizer = Adam())
Now we build and compile the adversarial model.
generator_input = Input(shape = (100,))
generator_output = generator_model(generator_input)
discriminator_model.trainable = False
discriminator_output = discriminator_model(generator_output)
adversarial_model = Model(input = generator_input , output =
discriminator_output)
adversarial_model.summary()
adversarial_model.compile(loss = 'binary_crossentropy' , optimizer
= Adam())
```

上述代码生成如图 7-16 所示的输出。

```
Layer (type)                 Output Shape              Param #
=================================================================
input_3 (InputLayer)         (None, 100)               0
_________________________________________________________________
sequential_1 (Sequential)    (None, 28, 28, 1)         865281
_________________________________________________________________
sequential_2 (Sequential)    (None, 1)                 212865
=================================================================
Total params: 1,078,146
Trainable params: 852,609
Non-trainable params: 225,537
_________________________________________________________________
```

图 7-16

6）创建一个函数来训练模型：

```
def train(epochs):
batch_size = 128
batch = 400
for i in range(epochs):
for j in tqdm(range(batch)):
# Define the noise to be input into the generator
noise_1 = np.random.rand(batch_size,100)
# Create the random images output from the generator
gen_images = generator_model.predict(noise_1 , batch_size =
batch_size )
# Real images from MNIST dataset
image_batch = X_train[np.random.randint(0, X_train.shape[0],
size=batch_size)]
# Create the input data for discriminator (real images and fake
images from the generator)
disc_inp = np.concatenate([gen_images,image_batch])
# Assign labels where 1 is a real image and 0 is fake for the
discriminator training
disc_Y = [0]*batch_size + [1]*batch_size
# Make discriminator model trainable
discriminator_model.trainable = True
# Train the discriminator model
discriminator_model.train_on_batch(disc_inp,disc_Y)
# Generate noise for the adversarial network
noise_2 = np.random.rand(batch_size,100)
# Freeze the weights of the discriminator and train the generator
discriminator_model.trainable = False
# Labels for adversarial model are always 1
y_adv = [1]*batch_size
# Train the adversarial model
adversarial_model.train_on_batch(noise_2,y_adv)
# Repeat process for 'epoch' no. of times
train(80)
```

7）现在模型已经训练好了，我们可以输出一些合成图像，看看它们有多么逼真：

```
import matplotlib.pyplot as plt
def plot_output(text):
# Random noise as the input
try_input = np.random.rand(50, 100)
predictions = generator_model.predict(try_input)
plt.figure(figsize=(20,20))
for i in range(predictions.shape[0]):
plt.subplot(10, 10, i+1)
plt.imshow(predictions[i, :, :, 0], cmap='gray')
plt.axis('off')
plt.tight_layout()
plt.savefig(text)
plot_output('80')
```

上述代码生成如图 7-17 所示的输出。

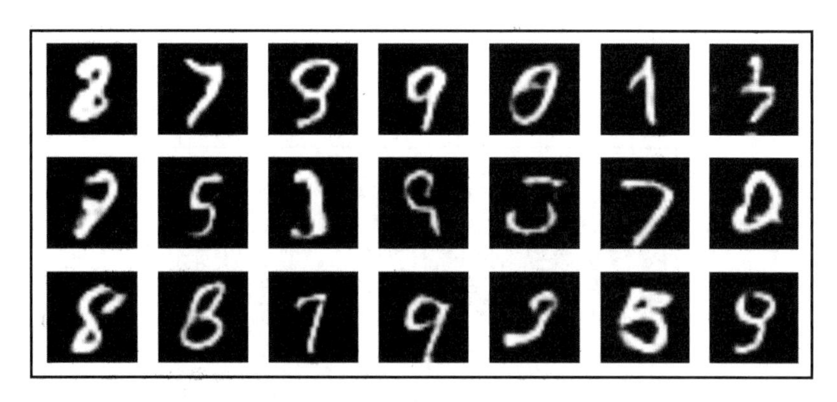

图　7-17

看起来模型运行得很好，因为合成的图像与原始数据集中的图像很相似。

7.3.3　Pix2Pix GAN

另一种图像到图像转换的 GAN 模型是 Pix2Pix。它有许多应用，如边缘图像转换为逼真图像，黑白图像转换为彩色图像。

该架构使用成对的训练样本，并合并了 PatchGAN。与考虑整个图像时相对比，PatchGAN 通过观察图像的各个区域来判断它们是真实的还是虚假的。

以下是一些由 Pix2Pix GAN 生成图像的例子：

- 将手提包的边缘图像映射到一个完全真实的图像，如图 7-18 所示（此图像来自 https://arxiv.org/pdf/1611.07004.pdf）。

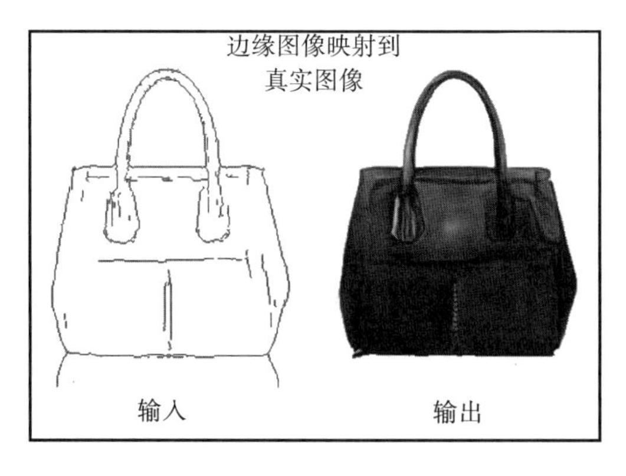

图　7-18

黑白图像到彩色图像的映射如图 7-19 所示（此图像来自 https://arxiv.org/pdf/1611.07004.pdf）⊖。

图 7-19

可以在 GitHub 仓库（https://github.com/affinelayer/pix2pix-tensorflow）获取 Pix2Pix GAN 的 TensorFlow 实现。你可以使用自己的数据集生成图像。

7.3.4 StackGAN

StackGAN 与其他许多关于 GAN 的研究论文有些不同，因为它侧重于将自然语言文本翻译成图像。这是通过更改嵌入文本，使其具有视觉特征的方式来实现的。

图 7-20（此图像来自 https://arxiv.org/pdf/1612.03242.pdf）显示了 StackGAN 生成的一些图像，给出了输入其中的文本描述。StackGAN 有许多现实生活的应用，例如把一个故事转换成漫画插图。

图 7-20

⊖ 彩色图像请在华章图书官网或图像来源处查看。——编辑注

图 7-21（此图像来自 https://arxiv.org/pdf/1612.03242.pdf）显示了 StackGAN 的总体架构。它可以在多个尺度上工作，首先输出分辨率为 64×64 的图像，然后使用这个图像作为先验信息来生成分辨率为 256×256 的图像。第一阶段生成器通过定义给定文本中对象的大致形状和基本颜色来绘制低分辨率图像。然后，根据随机噪声向量绘制背景。第二阶段生成器修正第一阶段生成器中的缺陷，并向结果图像中添加细节，这产生了一个更加真实的高分辨率图像，如图 7-21 所示。

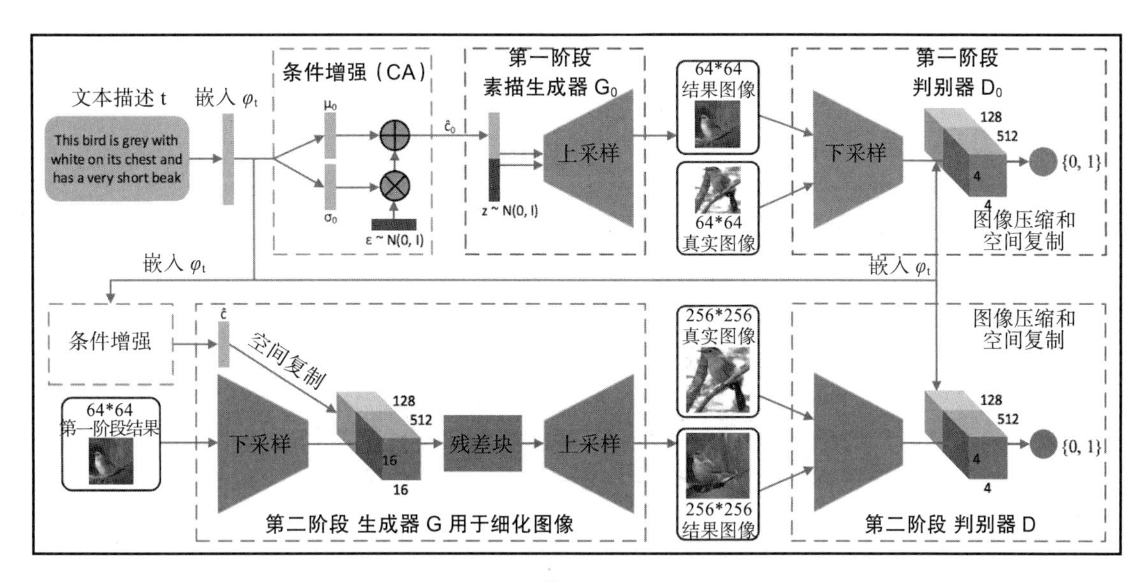

图　7-21

可以从 GitHub 仓库（https://github.com/hanzhanggit/stackga-pytorch.git）中下载此模型的 PyTorch 实现。

7.3.5　CycleGAN

在一篇论文中介绍了循环一致生成对抗网络（CycleGAN），着重解决了在没有配对训练样本的情况下图像到图像的转换问题。该论文旨在通过引入循环一致性损失函数来稳定 GAN 的训练。损失函数背后的核心思想如图 7-22 所示。它基于一个假设，如果转换图像到另一个域再返回，得到的结果应该是与输入图像类似的图像。这就使 $F(G(x)) \approx x$, $G(F(y)) \approx y$。

CycleGAN 有很多应用，比如增强图像分辨率和风格迁移。更具体地说，它可以用于将图片转换为绘画（反之亦然），以及将一个动物转换成另一个动物。

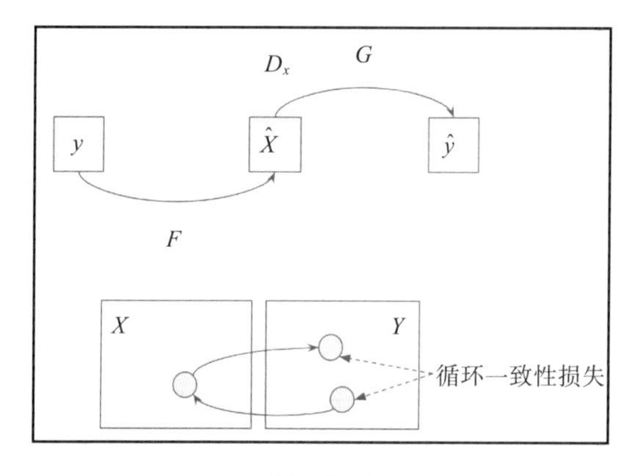

图 7-22

以下是论文中引用 CycleGAN 的例子：

- 将莫奈的绘画转换成一种摄影风格，如图 7-23（此图像来自 https://arxiv.org/pdf/1703.10593.pdf）所示。

图 7-23

- 将一匹马转换成一匹斑马看起来如图 7-24 所示（此图像来自 https://arxiv.org/pdf/1703.10593.pdf）。

可以在 GitHub 仓库（https:// github.com/aitorzip/pytor-cyclegan）中获取 CycleGAN 的 Pytorch 实现。这允许你使用自己的数据集生成图像。

图　7-24

7.3.6　ProGAN

渐进式增长 GAN（渐进生长）ProGAN 旨在解决原有 DCGAN 架构所面临的一些问题。它首先用低分辨率图像（例如 4 × 4 像素）训练生成器和判别器。之后，它会在每次逐步执行训练时添加一个更高的分辨率层，以生成较大的高质量的图像（例如 1024 × 1042 像素）。这种训练方法首先学习图像的基本特征，然后在后续的每一层学习更多的图像细节。通过以这种方式逐渐增加分辨率，可以将问题分解为更简单的部件。这种增长式学习过程极大地稳定了训练，降低了模式崩溃的可能性。

图 7-25 描述了单个的生成器网络和判别器网络。

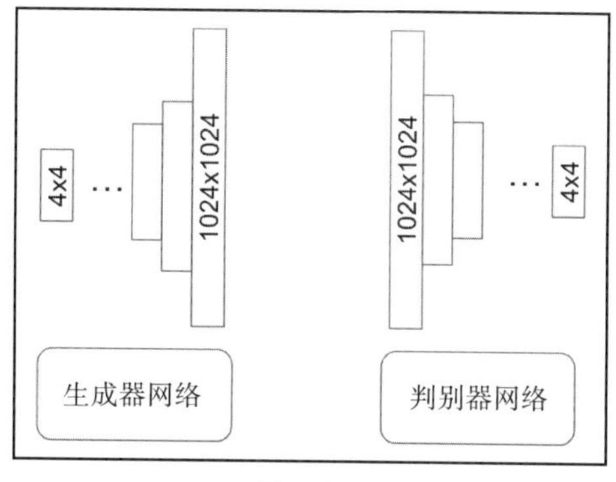

图　7-25

看看图 7-26 的整体架构。

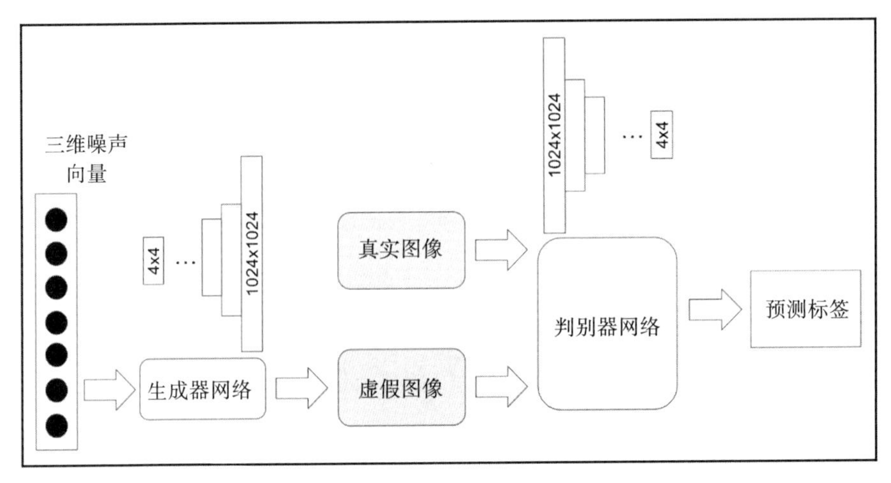

图 7-26

虽然 ProGAN 确实能生成高质量的图像，但它控制图像特定特征的能力非常有限。这是因为调整输入通常会同时影响多个特征，而不仅仅影响一个特征。

可以在 GitHub 仓库（https://github.com/akanimax/pro_gan_pytorch）中获取 ProGan 的 Pytorch 的实现。

7.3.7 StarGAN

StarGAN 模型还可以将图像从一个域转换到另一个域。例如，如果考虑人们的面部图像，模型可以将一个人的头发颜色从金色改变成棕色。在这个例子中，头发的颜色被认为是属性，而金色和棕色被认为是属性值。在这种情况下，“域”将被表示为共享相同属性值的一组图像。金色头发的人是一个域，棕色头发的人是另一个域。

图 7-27（此图像来自 https://arxiv.org/pdf/1711.09020.pdf）的照片显示了 StarGAN 在 `CelebA` 数据集上训练的一些结果⊖。这说明了面部属性转迁移照片上的表现。

图 7-28 描述了一个 StarGAN 模型的结构。

StarGAN 的实现步骤如下：

1）生成器 G 接收图像本身和域标签（例如头发颜色）作为输入。然后生成一个虚假图像（在图 7-28 中是步骤 a）。

2）给定原始的域标签，生成器 G 尝试根据虚假图像重构原始图像（步骤 b）。

⊖ 彩色图像请在华章图书官网或图像来源处查看。——编辑注

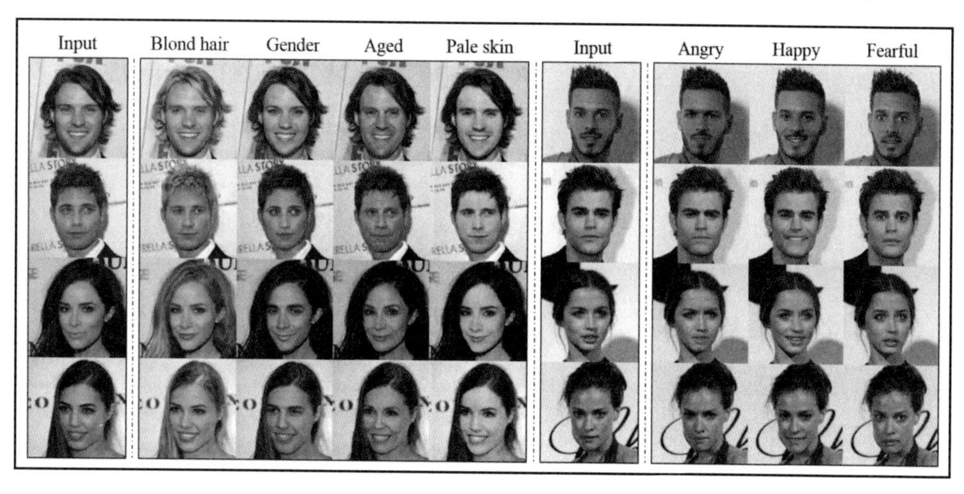

图　7-27

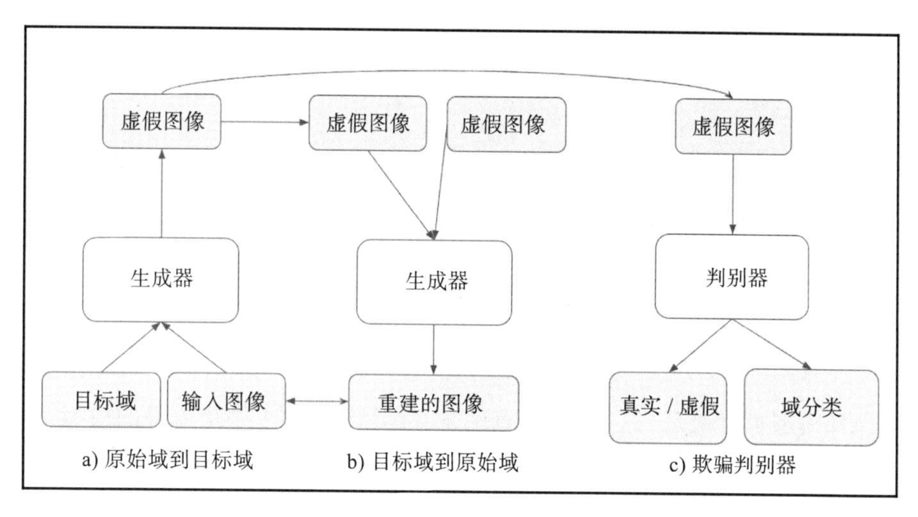

图　7-28

3）判别器确定了图像为虚假的可能性，并将图像分类到相应的域中。该生成器尝试生成与真实图像难以区分的图像，并通过判别器将其归类为目标域。因此，生成器最终将学习生成与给定目标域相对应的真实图像（步骤 c）。

1. StarGAN 判别器的目标

StarGAN 的判别器有以下两个目标：

- 识别图像是否虚假。
- 利用辅助分类器对输入图像的域进行预测。

判别器利用辅助分类器从数据集中学习原始图像及其域的映射。当生成器根据目标域（例如头发颜色 h）创建新图像时，判别器可以预测生成的图像域，因此生成器将创建新图像，直到判别器将其预测为目标域——h（例如金发）。

判别器的损失函数如下式所示：

$$L_D = -L_{adv} + \lambda_{hls}L^{r}_{hls}$$

2. StarGAN 生成器的功能

StarGAN 的生成器有以下三个关键函数：

- 通过调整权重，使图像更加逼真。
- 通过调整权重，使生成的图像能够被判别器分类为目标。
- 给定原始的域标签，生成器的目标是从虚假图像中重建原始图像。单个生成器使用两次；首先在目标域中对原始图像进行转换，然后对转换后的图像进行重构。

生成器的损失函数如下式所示：

$$L_G = L_{adv} + \lambda_{hls}L^{f}_{hls} + \lambda_{reh}L_{reh}$$

GitHub 仓库（https://github.com/yunjey/stargan）提供了 StarGAN 的 PyTorch 实现。GitHub 用户可以使用预先训练的模型，也可以使用自己训练的模型进行建模，以生成合成图像。

7.3.8 BigGAN

BigGAN 模型可以说是当前 ImageNet 生成（撰写本书时）中最先进的模型。模型中的修改集中在以下几个方面：

- **可伸缩性**：为了提高 GAN 的性能，引入了两个架构上的改进以提高可伸缩性，同时通过对生成器应用正交正则化来改进条件。
- **鲁棒性**：应用于生成器的正交正则化使模型响应截断，从而通过截断潜在空间来实现对保真度和多样性权衡的精细控制。
- **稳定性**：为使不稳定性最小化而设计的解决方案。

BigGAN 模型在 512 × 512 分辨率下生成的照片样本如图 7-29（此图像来自 https://arxiv.org/pdf/1809.11096.pdf）所示。

图　7-29

7.3.9　StyleGAN

StyleGAN 是由 NVIDIA 研究人员于 2018 年 12 月发布的 GAN 设计。它本质上是 ProGAN 的升级版。它将 ProGAN 与神经风格迁移相结合。StyleGAN 架构的核心是风格迁移技术。该模型为人脸生成任务创造了新的记录，还可以用于生成汽车、卧室、房子等逼真图像。

和 ProGAN 一样，StyleGAN 也是从一个非常低的分辨率开始，逐步生一个高分辨率的图像。GAN 控制每个层次的视觉特征，从粗糙的特征（如姿势和脸型），到精细的特征（如眼睛和头发颜色），见图 7-30（此图像来自 https://arxiv.org/abs/1812.04948 ）。

图　7-30

StyleGAN 中的生成器包含了一个映射网络。映射网络的目标是将输入向量编码为中间向量，其中不同的元素控制不同的视觉特征。通过引入另一个神经网络，该模型可以生成一个不需要遵循训练数据分布的向量，并且可以最小化特征之间的相关性。该映射网络由 8 个完全连接的层组成，其中输出层与输入层的大小相同，如图 7-31 所示。

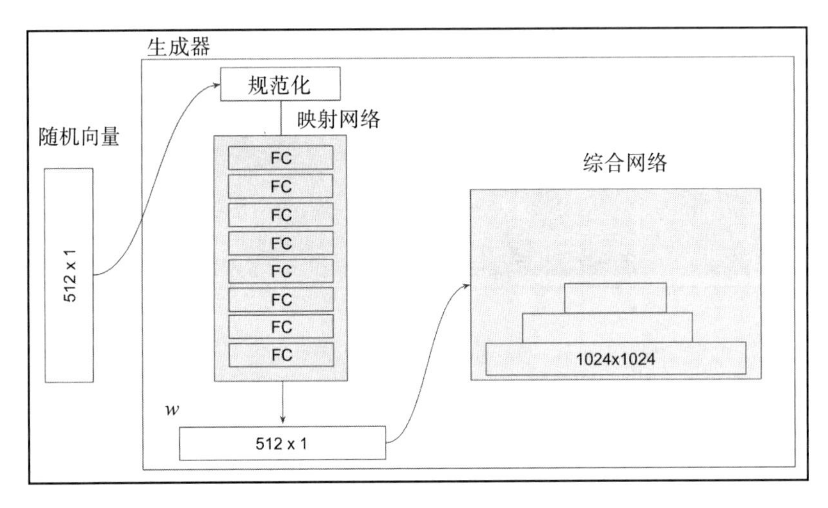

图 7-31

1. 样式模块

自适应实例规范化（AdaIN）模块将编码信息（即映射网络的输出 w）迁移到生成的图像中。AdaIN 模块被添加到综合网络的各个分辨率级别。它定义了该级别特征的可视化表达。实现的步骤如下：

1）对卷积层输出的每个通道进行规范化。这是为了确保第 3 步中的缩放和移位达到预期的效果。

2）另一个完全连通的层 A 将中间向量 w 转换成每个通道的比例向量和偏置向量。

3）这些比例向量和偏置向量会移动卷积输出的每个通道，从而定义卷积中每个过滤器的重要性。这个调整过程将 w 转换为视觉表示。

简单来说，它改变了图像神经网络层的均值和方差，以匹配风格图像（即我们想要模仿其风格的图像）的均值和方差，如图 7-32 所示。

大多数 GAN（包括 ProGAN）使用随机输入来创建生成器的初始图像（即 4×4 级的输入）。然而，在 StyleGAN 中，由于图像特征由 w 和 AdaIN 模块控制，因此初始输入将替换为常量值。

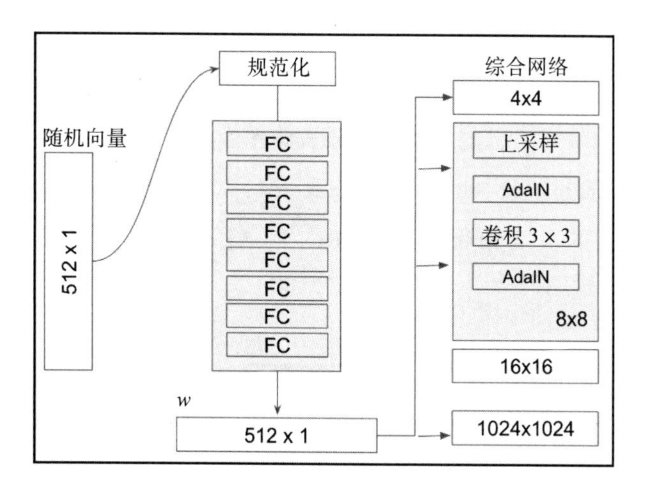

图　7-32

综合网络用常量输入代替，如图 7-33 所示。

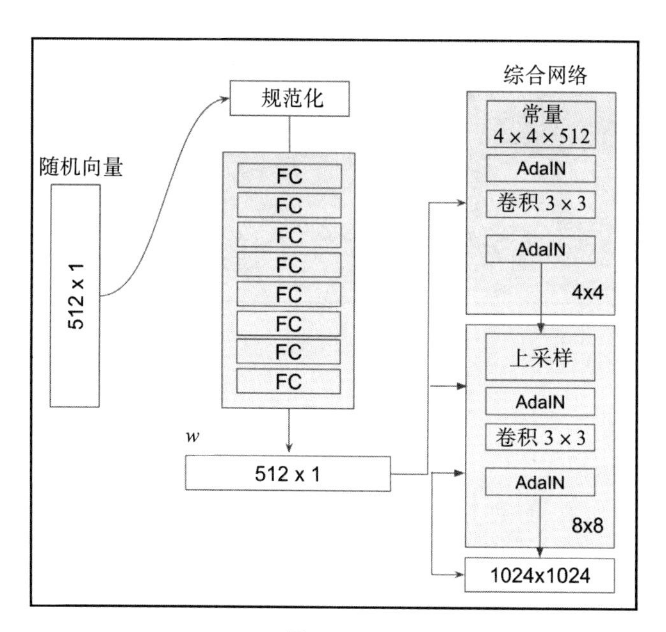

图　7-33

StyleGAN 提供了一个引人注目的例子，说明 GAN 如何能够完全改变大多数媒体生产其内容的方式，并改变消费者对提供给他们的信息的解释方式。

2. StyleGAN 实现

2019 年 2 月，NVIDIA 宣布将开源一种使用 StyleGAN 生成超逼真人脸图像的工具。

这个模型是基于 Flickr Face 数据集上训练的，其中包含 70 000 张高质量的 PNG 人脸图像。这些图像的分辨率为 1024×1024，首先进行了对齐和裁剪。开源工具的用户可以使用预先训练好的模型，也可以训练自己的模型来生成人脸图像。

可以通过克隆 GitHub 仓库（https://github.com/ NVlabs/stylegan.git）来下载该工具。

一些由工具生成的真实图像的例子如图 7-34 所示（此图像来自 https://github.com/NVlabs/stylegan.git）。

图 7-34

7.3.10 Deepfake

Deepfake 技术使用 GAN 创建虚假的逼真视频。这一热潮始于 2017 年 12 月，当时 Reddit 的一名名为 Deepfakes 的用户通过在两个不同的视频中交换人脸，开始在网上伪造名人的虚假视频。这些模型甚至先进到足以与虚假音频剪辑进行口型同步。

为了交换视频中人物的脸，我们收集了每个人的数千张照片。然后使用自编码器（Autoencoder，AE）重构图像。然后对视频逐帧处理。将人脸从人物 A 中提取出来，输入编码器，然后用人物 B 的解码器重构图像。本质上，当交换人脸时，在人物 A 的上下文中画出人物 B 的脸，然后用 GAN 判断图像是真实的还是虚假的，保证生成的图像是真实的，如图 7-35 所示。

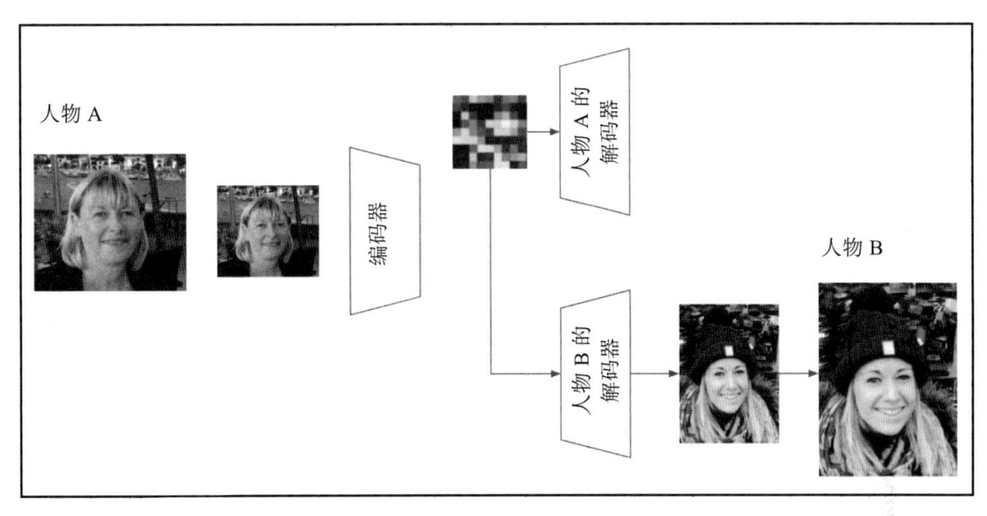

图 7-35

一个长短期记忆（Long Short-Term Memory，LSTM）网络被用来在视频中进行唇形同步，详细介绍如何做到这一点的论文在 7.9 节中提及。

7.3.11 RadialGAN

虽然大多数知名的 GAN 都用于图像创建，然而 RadialGAN 用于数值分析。如果我们考虑一个例子——我们想要评估一种新的医疗方法有多有效，我们将需要结合许多来自不同医院的数据，以确保我们有足够的数据来得出具体的结论。然而，这带来了一些问题，例如不同的医院以不同的方式衡量结果，使用在不同环境下给出不同结果的实验室，等等。为了解决这个问题，RadialGAN 首先将每家医院的数据集转换到潜在空间，使我们能够以统一的格式保存来自不同来源的数据。由此，潜在空间数据可以转换为每个唯一数据集的特征空间。

RadialGAN 考虑的每个数据集都有一个编码器神经网络。该编码器将数据转换为与潜在空间相同的结构。每个数据集也有一个解码器，它是一个带有生成器的 GAN，将信息从潜在空间转换为与数据集相同的结构。每一个解码器 GAN 都有一个判别器，用来验证来自潜在空间的信息是否与目标数据域的属性一致。这样的设置可以确保域迁移在两个方向上都能工作，如图 7-36 所示。

一旦网络被同时训练，可以使用 RadialGAN 创建增强的数据集。其他每个数据集都通过其编码器运行，以便将这些知识迁移到潜在空间。然后使用解码器从该空间中提取所有信息。之后转换后的信息被附加到原始数据集。

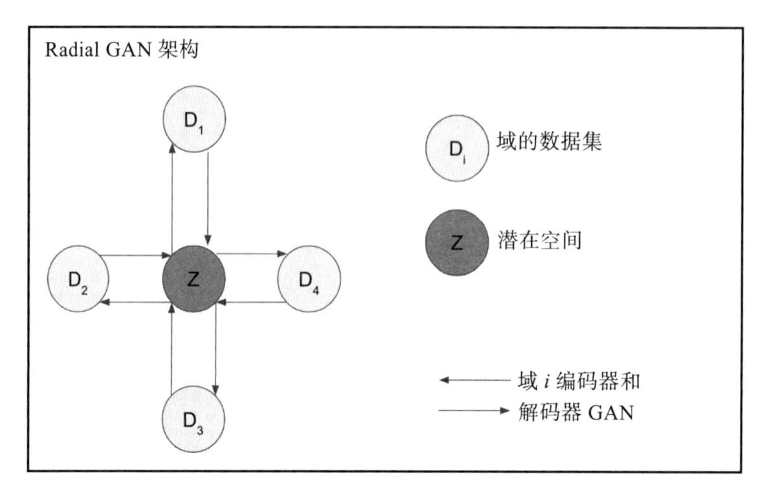

图 7-36

总体结果是使用来自每个域的信息构建一个更大的数据集，这些信息也能够匹配所考虑的域的特征。

7.4 总结

在本章中，我们解释了生成器和判别器之间的关键区别，以及它们如何构成 GAN 的基础。我们讨论了 GAN 的不同变体和架构以及它们的应用，并展示了它们的一些结果。

GAN 在近代产生了一些重大的技术突破，它和其他一些先进的人工智能技术正在迅速改变我们与技术以及彼此之间的关系。GAN 无疑是值得关注的！

在第 8 章中，我们将着眼于实现 AE 及其不同类型。

7.5 延伸阅读

- *Generative Adversarial Networks*, Ian J Goodfellow and others (2014): https://arxiv.org/abs/1406.2661
- *On Discriminative vs. Generative Classifiers: A comparison of logistic regression and naive Bayes*, Andrew Y Ng and Michael I. Jordan (2002): https://ai.stanford.edu/~ang/papers/nips01-discriminativegenerative.pdf
- *Unsupervised Representation Learning with Deep Convolutional Generative Adversarial Networks*, Radford et al (2016): https://arxiv.org/pdf/1511.06434.pdf
- *Conditional Generative Adversarial Nets*, Mehdi Mirza and Simon Osindero (2014): https://arxiv.org/pdf/1411.1784.pdf

- *Unrolled Generative Adversarial Networks*, Luke Metz, Ben Poole, David Pfau, Jascha Sohl-Dickstein (2016): https://arxiv.org/abs/1611.02163
- *Wasserstein GAN*, Martin Arjovsky, Soumith Chintala, Léon Bottou (2017): https://arxiv.org/pdf/1701.07875.pdf.
- *Improved Training of Wasserstein GANs*, Ishaan Gulrajani, Faruk Ahmed, Martin Arjovsky, Vincent Dumoulin, Aaron Courville (2017): https://arxiv.org/pdf/1704.00028.pdf
- *Unpaired Image-to-Image Translation using Cycle-Consistent Adversarial Networks*, Jun-Yan Zhu, Taesung Park, Phillip Isola Alexei A Efros (2017): https://arxiv.org/pdf/1703.10593.pdf
- *Image-to-Image Translation with Conditional Adversarial Networks*, Phillip Isola, Jun-Yan Zhu, Tinghui Zhou, Alexei A. Efros (2016): https://arxiv.org/pdf/1611.07004.pdf
- *StackGAN: Text to Photo-realistic Image Synthesis with Stacked Generative Adversarial Networks*, Han Zhang, Tao Xu, Hongsheng Li, Shaoting Zhang, Xiaogang Wang, Xiaolei Huang, Dimitris Metaxas (2016): https://arxiv.org/pdf/1612.03242.pdf
- *Large Scale GAN Training for High Fidelity Natural Image Synthesis*, Andrew Brock, Jeff Donahue, Karen Simonyan (2018): https://arxiv.org/abs/1809.11096
- *BEGAN: Boundary Equilibrium Generative Adversarial Networks*, David Berthelot, Thomas Schumm, Luke Metz (2017): https://arxiv.org/pdf/1703.10717.pdf
- *StarGAN: Unified Generative Adversarial Networks for Multi-Domain Image-to-Image Translation*, Yunjey Choi, Minje Choi, Munyoung Kim, Jung-Woo Ha, Sunghun Kim, Jaegul Choo (2017): https://arxiv.org/pdf/1711.09020.pdf
- *Progressive Growing of GANs for Improved Quality, Stability, and Variation*, Tero Karras, Timo Aila, Samuli Laine, Jaakko Lehtinen (2017): https://arxiv.org/pdf/1710.10196.pdf
- *A Style-Based Generator Architecture for Generative Adversarial Networks*: https://arxiv.org/abs/1812.04948
- *Synthesizing Obama: Learning Lip Sync from Audio, Supasorn Suwajanakorn*, Steven M. Seitz, Ira Kemelmacher-Shlizerman (2017): https://grail.cs.washington.edu/projects/AudioToObama/siggraph17_obama.pdf
- *RadialGAN: Leveraging multiple datasets to improve target-specific predictive models using Generative Adversarial Networks*, Jinsung Yoon, James Jordon, and Mihaela van der Schaar (2018): https://arxiv.org/abs/1802.06403

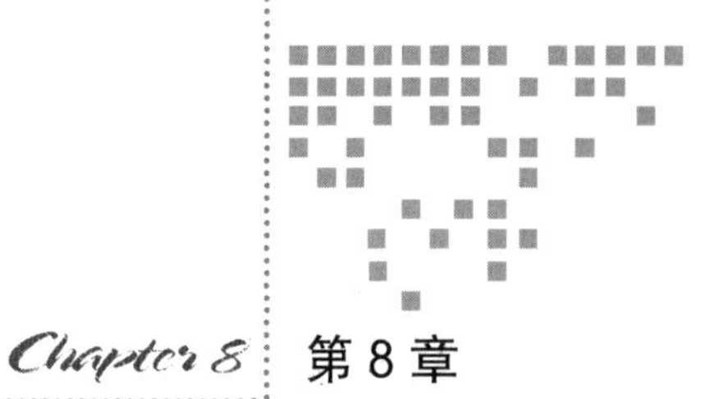

Chapter 8 第8章

实现自编码器

本章解释什么是自编码器（AE），并讨论不同类型的自编码器。我们将概述它们是如何被应用到一些实际问题中的，还将提供使用Python中的Keras库实现不同类型的自编码器的代码示例。

8.1 自编码器概述

自编码器是一种无监督学习技术。它可以通过使用未标记的数据集并重构原始输入来将无监督的学习问题建模为有监督的问题。换句话说，自编码器的目标是使输入尽可能与输出相似。

自编码器由编码器和解码器组成，如图8-1所示。

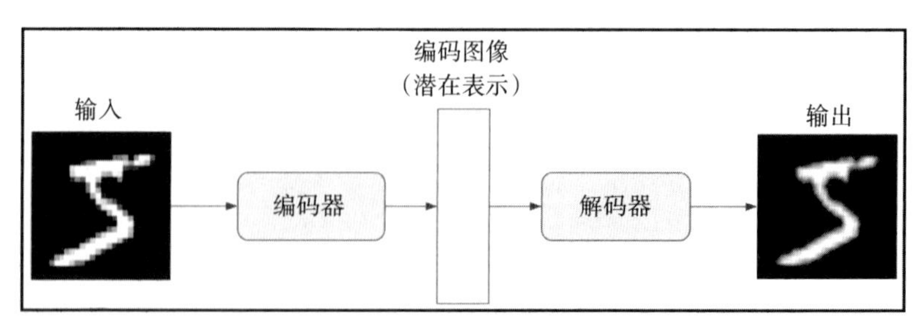

图 8-1

8.2　自编码器的应用

自编码器有很多应用：

- 数据去噪
- 数据可视化降维
- 图像生成
- 插入文本

8.3　瓶颈和损失函数

自编码器对网络施加了一个瓶颈，从而强制对原始输入进行压缩知识表示。如果没有瓶颈，网络就会简单地记住输入值。这意味着该模型会在未见过的数据上泛化不佳。

让我们看看图 8-2，它描述了一个自编码器的瓶颈。

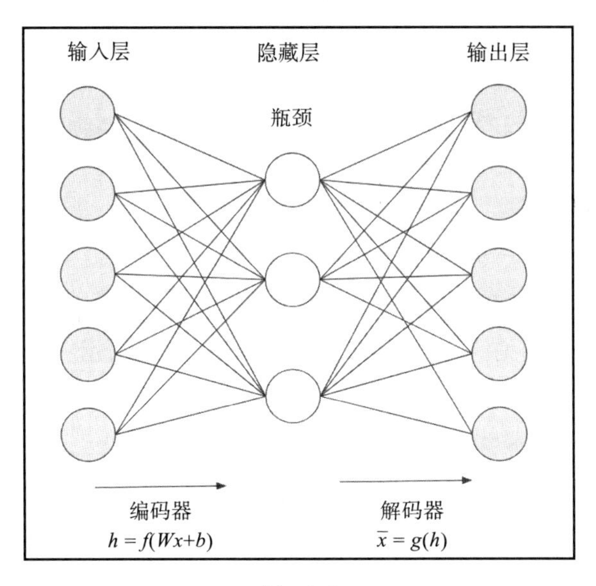

图　8-2

我们希望模型对输入信号敏感，这样它就能检测到输入信号，但又不能简单地记住输入信号，这样就不能很好地预测未见过的数据。因此，我们需要构建一个损失 / 成本函数，该函数会确定最佳折中方案。

损失函数可以根据以下公式定义，其中 x 是输入层中每个节点的值，$\bar{x}$ 是输出层中每个节点的值。$L(x, \bar{x})$ 表示重构损失函数的一部分，使它对输入敏感。正则项有助于确保模型不会过拟合。

$$Loss = L(x, \bar{x}) + regularizer$$

有一些常用的自编码器架构可添加这两个约束，并确保在这两个约束之间存在最优的折中。

8.4 自编码器的标准类型

在各种类型的标准自编码器中我们将解释最广泛使用的，并介绍 Keras 中的一些编码的例子。

8.4.1 欠完备自编码器

欠完备自编码器架构可以用来限制网络隐藏层中节点的数量，从而限制通过网络的信息量。该模型可以根据重构误差对输入数据进行惩罚，从而获得输入数据的最重要的属性。这种重构误差本质上是编码的输入和重构输出之间的差异。编码学习并描述输入数据的潜在属性。

1. 示例

在这个示例中，我们将展示如何在 Keras 中编译一个欠完备自编码器模型，步骤如下：

1）首先，我们导入相关的库以及 MNIST 数据集，如下所示：

```
import keras
from keras.layers import Input, Dense
from keras.models import Model
from keras.datasets import mnist
import numpy as np
import tensorflow
(x_train, _), (x_test, _) = mnist.load_data()
Now we scale the data so that the feature values are in a range
between 0 and 1.
x_train = x_train.astype('float32')/255 # 255 = np.max(x_train)
x_test = x_test.astype('float32')/255
x_train = x_train.reshape(len(x_train), np.prod(x_train.shape[1:]))
x_test = x_test.reshape(len(x_test), np.prod(x_test.shape[1:]))
print(x_train.shape)
print(x_test.shape)
(60000, 784)
(10000, 784)
```

2）我们在三层网络中分配层的大小：输入、隐藏和输出。注意，我们指定隐藏层小于输入层和输出层，因为它是一个欠完备模型：

```
input_size = 784 # Pixel values 28*28
hidden_size = 64
output_size = 784
```

3）在下面的示例代码中，我们使用 adam 优化器和均方误差（Mean Squared Error，MSE）作为 loss 函数：

```
input_image = Input(shape=(input_size,))
# Encoder
e = Dense(hidden_size, activation='relu')(input_image)
# Decoder
d = Dense(output_size, activation='sigmoid')(e)
encoder = Model(input_image, d)
encoder.compile(optimizer='adam', loss='mse')
encoder.summary()
```

以上命令生成如图 8-3 所示的输出。

```
Layer (type)                 Output Shape              Param #
=================================================================
input_4 (InputLayer)         (None, 784)               0
_________________________________________________________________
dense_1 (Dense)              (None, 64)                50240
_________________________________________________________________
dense_2 (Dense)              (None, 784)               50960
=================================================================
Total params: 101,200
Trainable params: 101,200
Non-trainable params: 0
_________________________________________________________________
```

图　8-3

4）在此基础上，我们对模型进行如下拟合和训练：

```
autoencoder_train = encoder.fit(x_train, x_train,
batch_size=128,epochs=10,verbose=1, validation_data=(x_test,
x_test))
```

上述命令生成如图 8-4 所示的输出。

```
Train on 60000 samples, validate on 10000 samples
Epoch 1/10
60000/60000 [==============================] - 3s 42us/step - loss: 0.0446 - val_loss: 0.0221
Epoch 2/10
60000/60000 [==============================] - 1s 22us/step - loss: 0.0172 - val_loss: 0.0128
Epoch 3/10
60000/60000 [==============================] - 1s 22us/step - loss: 0.0109 - val_loss: 0.0087
Epoch 4/10
60000/60000 [==============================] - 1s 22us/step - loss: 0.0077 - val_loss: 0.0065
Epoch 5/10
60000/60000 [==============================] - 1s 22us/step - loss: 0.0061 - val_loss: 0.0055
Epoch 6/10
60000/60000 [==============================] - 1s 22us/step - loss: 0.0053 - val_loss: 0.0049
Epoch 7/10
60000/60000 [==============================] - 1s 22us/step - loss: 0.0048 - val_loss: 0.0045
Epoch 8/10
60000/60000 [==============================] - 1s 22us/step - loss: 0.0046 - val_loss: 0.0043
Epoch 9/10
60000/60000 [==============================] - 1s 22us/step - loss: 0.0044 - val_loss: 0.0042
Epoch 10/10
60000/60000 [==============================] - 1s 22us/step - loss: 0.0043 - val_loss: 0.0041
```

图 8-4

2. 使用 TensorBoard 可视化

在拟合模型时，可以传递 TensorBoard 回调参数，以便可以监控训练期间的性能指标。为此，我们可以执行以下步骤：

1）首先，导入 `TensorBoard` 函数：

```
from keras.callbacks import TensorBoard
```

2）在这里，我们可以从 `fit` 函数中调用 `TensorBoard` 函数。我们定义日志目录，希望在其中保存文件，如下所示：

```
ae.fit(x_train, x_train, batch_size=128,epochs=10,verbose=1,
validation_data=(x_test, x_test),
callbacks=[TensorBoard(log_dir='/tmp/autoencoder_example'))])
```

然后可以通过导航到链接 http://0.0. 0.0:6006 访问 TensorBoard 网络界面。

3. 可视化重构图像

我们可以通过运行以下命令来查看模型生成的重构图像：

```
#Decoded images
d_images = encoder.predict(x_test)
x = 10
plt.figure(figsize=(20, 2))
for i in range(1, x):
```

```
# Display original images
ax = plt.subplot(2, x, i)
plt.imshow(x_test[i].reshape(28, 28))
ax.get_xaxis().set_visible(False)
ax.get_yaxis().set_visible(False)
# Display reconstructed images
ax = plt.subplot(2, x, i + x)
plt.imshow(d_images[i].reshape(28, 28))
ax.get_xaxis().set_visible(False)
ax.get_yaxis().set_visible(False)
plt.show()
```

以上命令生成如图 8-5 所示的输出。

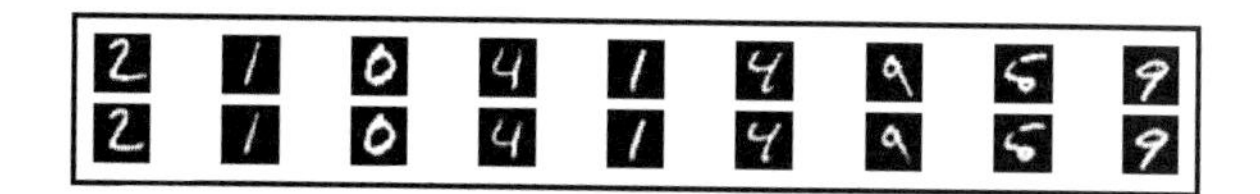

图　8-5

8.4.2　多层自编码器

多层自编码器具有多个隐藏层。任何一个隐藏层都可以作为特征表示，如图 8-6 所示。

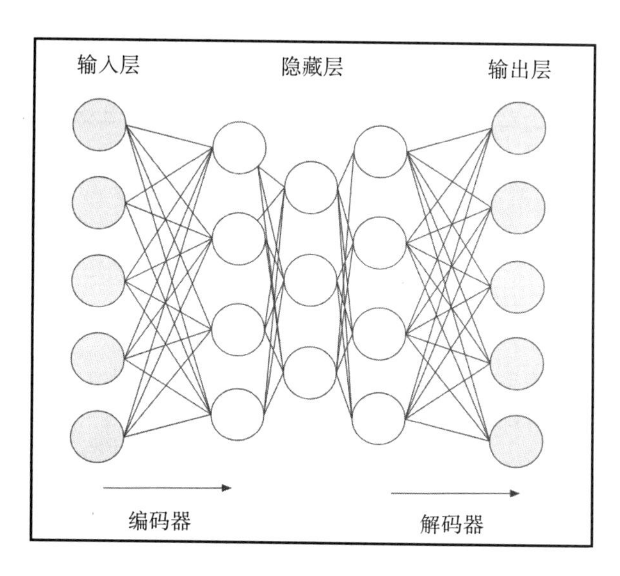

图　8-6

示例

在下面的编码示例中，我们定义了层的大小和隐藏层，并编译了模型：

```
input_size = 784
hidden_size = 128 # 64*3
code_size = 64
input_image = Input(shape=(input_size,))
# Encoder
hidden_1 = Dense(hidden_size, activation='relu')(input_image)
e = Dense(code_size, activation='relu')(hidden_1)
# Decoder
hidden_2 = Dense(hidden_size, activation='relu')(e)
d = Dense(input_size, activation='sigmoid')(hidden_2)
autoencoder = Model(input=input_image, output=d)
autoencoder.compile(optimizer='adam', loss='mse')
autoencoder.summary()
```

上述命令生成如图 8-7 所示的输出。

Layer (type)	Output Shape	Param #
input_3 (InputLayer)	(None, 784)	0
dense_7 (Dense)	(None, 128)	100480
dense_8 (Dense)	(None, 64)	8256
dense_9 (Dense)	(None, 128)	8320
dense_10 (Dense)	(None, 784)	101136

Total params: 218,192
Trainable params: 218,192
Non-trainable params: 0

图 8-7

8.4.3 卷积自编码器

自编码器可以与卷积一起使用，而不是使用完全连接的层。这可以用三维向量来代替一维向量。在图像上下文中，下采样图像迫使自编码器学习它的压缩比。

示例

我们从 MNIST 数据集中获取训练数据集和测试数据集，就像我们之前做的那样：

```
(x_train, _), (x_test, _) = mnist.load_data()
# Scale the training and testing data so that they are in a range between 0
and 1
x_train = x_train.astype('float32')/255
x_test = x_test.astype('float32')/255
print(x_train.shape)
```

```
print(x_test.shape)
(60000, 28, 28)
(10000, 28, 28)
```

由于数据集中的图像是灰度图像，像素值从 0 到 255，尺寸为 28 × 28，我们需要将每个图像转换成一个 28 × 28 × 1 的矩阵，如下所示：

```
x_train = x_train.reshape(-1, 28,28, 1)
x_test = x_test.reshape(-1, 28,28, 1)
print(x_train.shape)
print(x_test.shape)
(60000, 28, 28, 1)
(10000, 28, 28, 1)
```

现在，从 keras 库加载额外的函数。我们将 Conv2D 和 MaxPooling2D 层用于编码器，Conv2D 和 Upsampling2D 层用于解码器：

```
from keras.models import Sequential
from keras.layers import Flatten, Reshape, Conv2D, MaxPooling2D,
UpSampling2D
#Subsequently we can define the model as follows.
ae = Sequential()
# Layers of the encoder
ae.add(Conv2D(32, (3, 3), activation='relu', padding='same',
input_shape=x_train.shape[1:]))
ae.add(MaxPooling2D((2, 2), padding='same'))
ae.add(Conv2D(64, (3, 3), activation='relu', padding='same'))
ae.add(MaxPooling2D((2, 2), padding='same'))
ae.add(Conv2D(128, (3, 3), strides=(2,2), activation='relu',
padding='same'))
# Layers of the decoder
ae.add(Conv2D(128, (3, 3), activation='relu', padding='same'))
ae.add(UpSampling2D((2, 2)))
ae.add(Conv2D(8, (2, 2), activation='relu', padding='same'))
ae.add(UpSampling2D((2, 2)))
ae.add(Conv2D(64, (3, 3), activation='relu'))
ae.add(UpSampling2D((2, 2)))
ae.add(Conv2D(1, (3, 3), activation='sigmoid', padding='same'))
ae.summary()
```

以上命令生成如图 8-8 所示的输出。

从这里，我们可以对模型进行如下的编译和拟合：

```
ae.compile(optimizer='adam', loss='binary_crossentropy')
autoencoder_train = ae.fit(x_train, x_train,
batch_size=128,epochs=10,verbose=1, validation_data=(x_test, x_test))
```

以上命令生成如图 8-9 所示的输出。

```
_________________________________________________________________
Layer (type)                 Output Shape              Param #
=================================================================
conv2d_4 (Conv2D)            (None, 28, 28, 32)        320
_________________________________________________________________
max_pooling2d_3 (MaxPooling2 (None, 14, 14, 32)        0
_________________________________________________________________
conv2d_5 (Conv2D)            (None, 14, 14, 64)        18496
_________________________________________________________________
max_pooling2d_4 (MaxPooling2 (None, 7, 7, 64)          0
_________________________________________________________________
conv2d_6 (Conv2D)            (None, 4, 4, 128)         73856
_________________________________________________________________
conv2d_7 (Conv2D)            (None, 4, 4, 128)         147584
_________________________________________________________________
up_sampling2d_1 (UpSampling2 (None, 8, 8, 128)         0
_________________________________________________________________
conv2d_8 (Conv2D)            (None, 8, 8, 8)           4104
_________________________________________________________________
up_sampling2d_2 (UpSampling2 (None, 16, 16, 8)         0
_________________________________________________________________
conv2d_9 (Conv2D)            (None, 14, 14, 64)        4672
_________________________________________________________________
up_sampling2d_3 (UpSampling2 (None, 28, 28, 64)        0
_________________________________________________________________
conv2d_10 (Conv2D)           (None, 28, 28, 1)         577
=================================================================
Total params: 249,609
Trainable params: 249,609
Non-trainable params: 0
```

图 8-8

```
Train on 60000 samples, validate on 10000 samples
Epoch 1/10
60000/60000 [==============================] - 185s 3ms/step - loss: 0.1039 - val_loss: 0.1011
Epoch 2/10
60000/60000 [==============================] - 188s 3ms/step - loss: 0.1012 - val_loss: 0.0993
Epoch 3/10
60000/60000 [==============================] - 166s 3ms/step - loss: 0.0992 - val_loss: 0.0970
Epoch 4/10
60000/60000 [==============================] - 173s 3ms/step - loss: 0.0975 - val_loss: 0.0956
Epoch 5/10
60000/60000 [==============================] - 180s 3ms/step - loss: 0.0963 - val_loss: 0.0951
Epoch 6/10
60000/60000 [==============================] - 211s 4ms/step - loss: 0.0951 - val_loss: 0.0936
Epoch 7/10
60000/60000 [==============================] - 158s 3ms/step - loss: 0.0942 - val_loss: 0.0927
Epoch 8/10
60000/60000 [==============================] - 166s 3ms/step - loss: 0.0933 - val_loss: 0.0919
Epoch 9/10
60000/60000 [==============================] - 176s 3ms/step - loss: 0.0925 - val_loss: 0.0912
Epoch 10/10
60000/60000 [==============================] - 171s 3ms/step - loss: 0.0918 - val_loss: 0.0906
```

图 8-9

8.4.4 稀疏自编码器

稀疏自编码器在不减少隐藏层节点数量的情况下引入了瓶颈。每个隐藏层中的节点数与输入层和输出层中的节点数相同。损失函数被重构，以惩罚层内的激活函数。这意味着，通过一次只激活少量神经元来鼓励神经网络学习。

稀疏自编码器的架构如图 8-10 所示，其中节点的不透明程度与激活的级别相对应。模型的不同输入会导致整个网络中不同节点的激活。这允许网络使各个隐藏层节点对输入其中的数据的特定属性敏感。这不同于欠完备自编码器，因为它们对每一个观察都使用相同的网络。

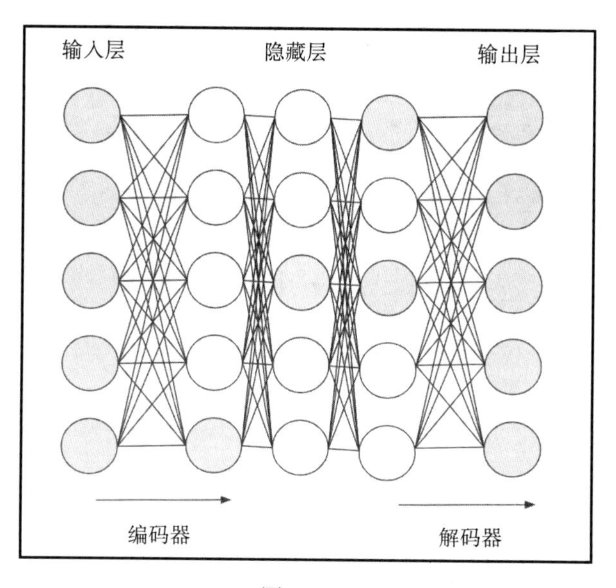

图　8-10

示例

可以使用 Keras 中的 `activity_regularizer` 函数在潜在变量上添加稀疏约束。此函数限制给定时间内激活的节点数量。该函数被添加到稠密层，如下所示：

```
from keras import regularizers
input_size = 784
h_size = 64
o_size = 784
x = Input(shape=(input_size,))
# Encoder
h = Dense(h_size, activation='relu',
activity_regularizer=regularizers.l1(10e-5))(x)
```

```
# Decoder
r = Dense(o_size, activation='sigmoid')(h)
autoencoder = Model(input=x, output=r)
```

8.4.5 去噪自编码器

去噪编码器故意将噪声添加到网络的输入中（见图 8-11）。它们实际上创建了数据的损坏副本。去噪编码器这样做是为了帮助模型学习在输入数据中存在的潜在表示，使其更具有通用性。

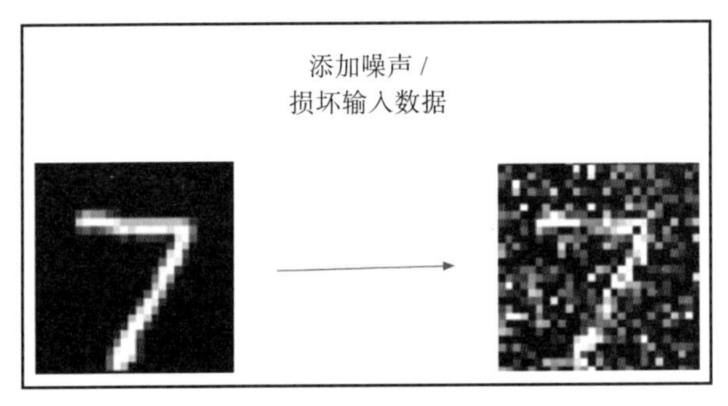

图 8-11

被损坏的 / 有噪声的图像以类似于其他标准自编码器的方式输入网络中（见图 8-12）。

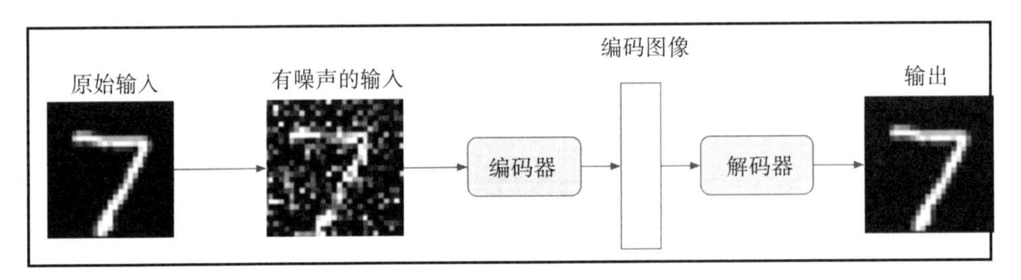

图 8-12

示例

我们可以向 MNIST 数据集添加噪声，如下面的示例所示。加入的噪声为正态分布，以 0.5 为中心，标准差为 0.5：

```
add_noise = np.random.normal(loc=0.5, scale=0.5, size=x_train.shape)
x_train_with_noise = x_train + add_noise
add_noise = np.random.normal(loc=0.5, scale=0.5, size=x_test.shape)
x_test_with_noise = x_test + add_noise
x_train_noisy = np.clip(x_train_with_noise, 0., 1.)
x_test_noisy = np.clip(x_test_with_noise, 0., 1.)
```

8.4.6 收缩自编码器

收缩自编码器（Contractive Autoencoder，CAE）的目标是对输入数据的潜在属性进行学习表示，该表示对数据中的微小变化不那么敏感。换句话说，我们要求模型对噪声具有鲁棒性。

为了保证CAE的鲁棒性，在成本函数中加入了一个正则化项（惩罚项）。CAE这个名称来自这样一个事实：惩罚项生成一个映射，该映射会强烈地收缩数据

$$L = \| X - \hat{X} \|_2^2 + \lambda \| J_h(X) \|_F^2$$

$$\| J_h(X) \|_F^2 = \sum_{ij} \left(\frac{\partial h_j(X)}{\partial X_i} \right)^2$$

8.5 变分自编码器

变分自编码器（VAE）不同于我们目前讨论的标准自编码器，因为它们以概率而非确定性的方式描述了潜在空间中的观测结果。因此，VAE输出每个潜在属性的概率分布，而不是输出单个值。

标准的自编码器只有在希望复制输入的数据时才真正有用，而这在现实世界中有一些有限的应用。由于VAE是生成模型，它们可以应用于不希望输出与输入数据相同的情况。

在现实环境中考虑到这一点，当在数据集上训练一个自编码器模型时，人们希望它能够学习一些潜在的属性，比如人们是否在微笑、他们的肤色、他们是否戴着眼镜等。标准的自编码器将这些潜在属性表示为离散值，如图8-13所示。

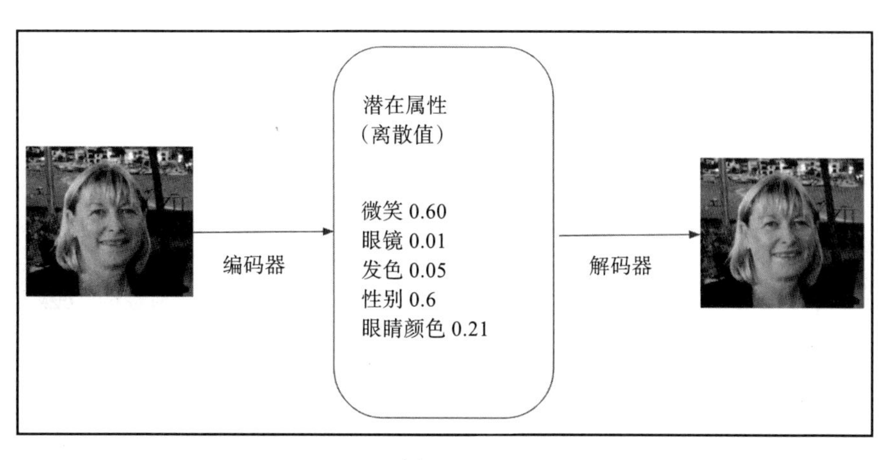

图 8-13

使用 VAE，我们可以用概率术语描述这些属性，允许每个特征都在可能值的范围内，而不是单个值。图 8-14 描述了我们如何用离散值或概率分布来表示一个人是否在微笑。

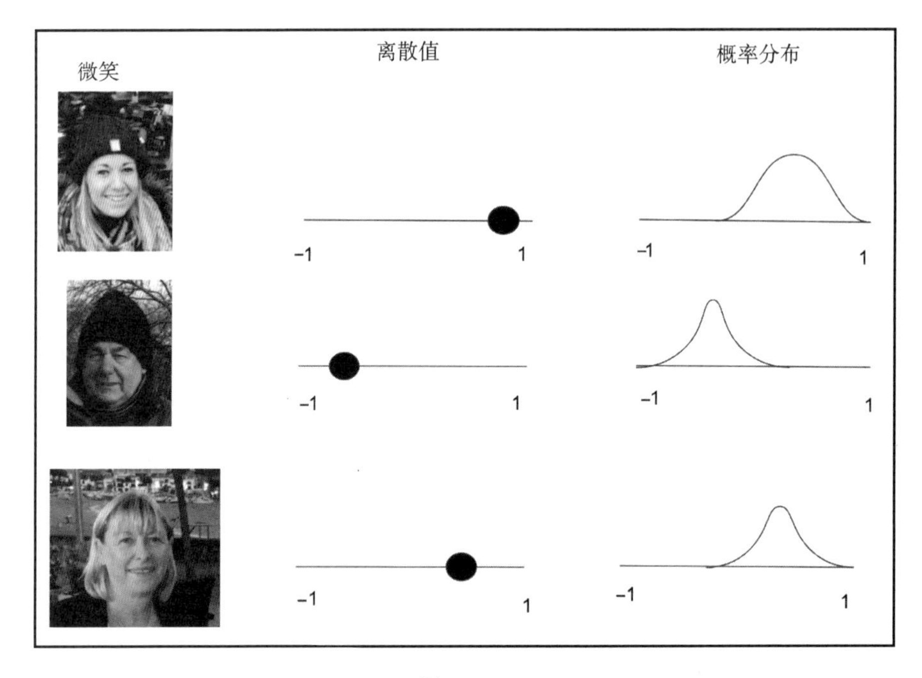

图 8-14

对于 VAE，从图像中对每个潜在属性的分布进行采样，生成用作解码器模型输入的向量，如图 8-15 所示。

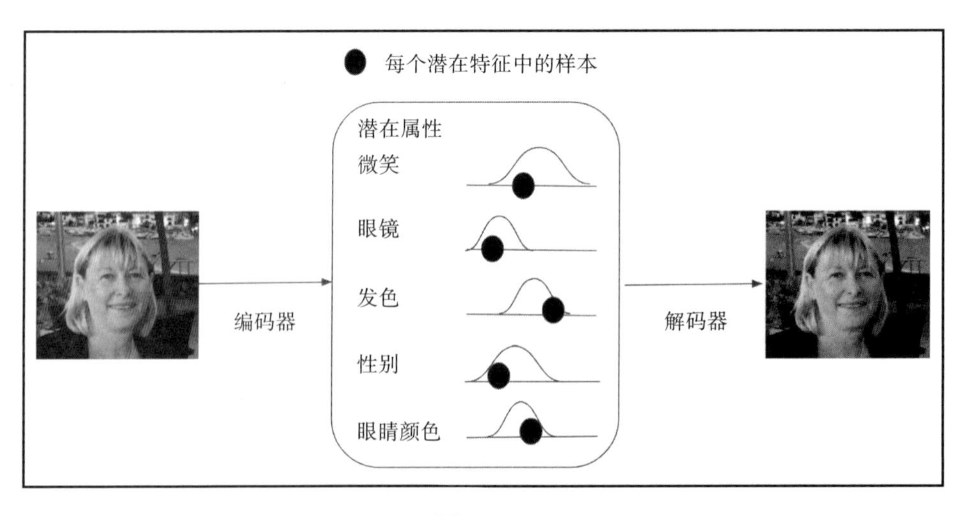

图 8-15

假设每个潜在特征的分布是高斯分布。那么输出两个向量，其中一个描述均值，另一个描述分布的方差（见图 8-16）。

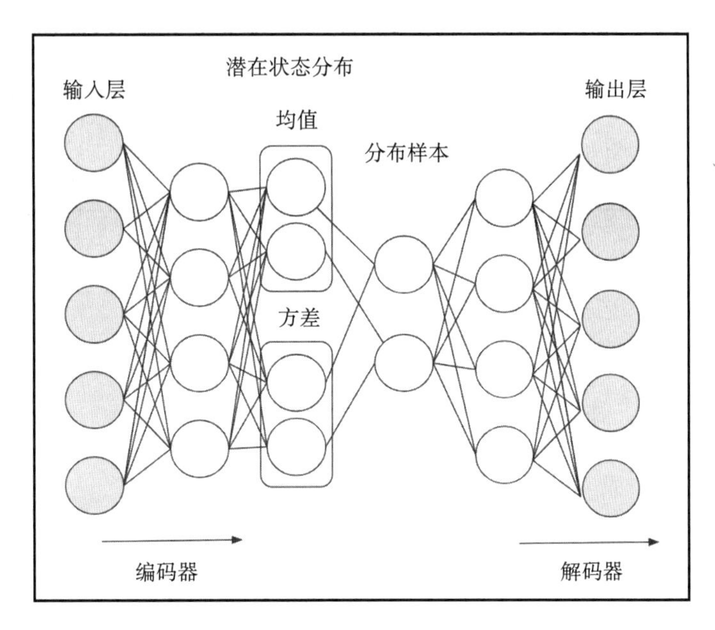

图　8-16

8.6　训练变分自编码器

训练 VAE 时，必须能够计算出网络中各参数与总损失之间的关系。这个过程称为反向传播（backpropagation）。

标准的自编码器使用反向传播来重构网络权值的损失。但是，VAE 的训练不那么简单，因为采样操作是不可微分的——梯度不能从重构误差中传播出来（见图 8-17）。

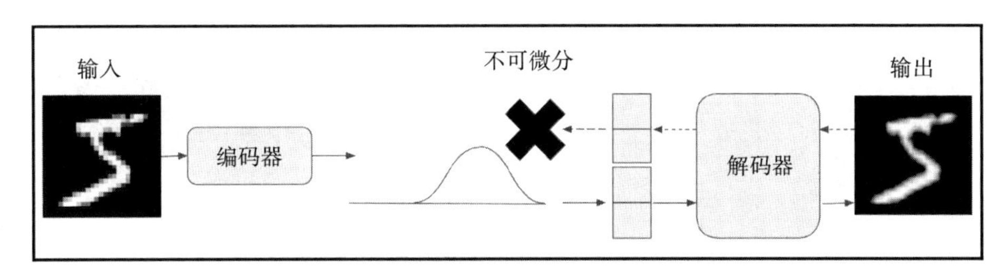

图　8-17

可以使用重参数化技巧来克服这个限制。重参数化技巧背后的想法是从一个单位正态

分布中采样 ε，然后通过其潜在属性均值 μ 进行平移，并通过潜在属性方差 σ 进行缩放：

$$z = \mu + \sigma\varepsilon$$

执行此操作实质上是从梯度流中移除采样过程，因为它现在位于网络外部。因此，采样过程不依赖于网络中的任何内容。这意味着我们现在可以优化分布的参数，同时保持从中随机采样的能力（见图 8-18）。

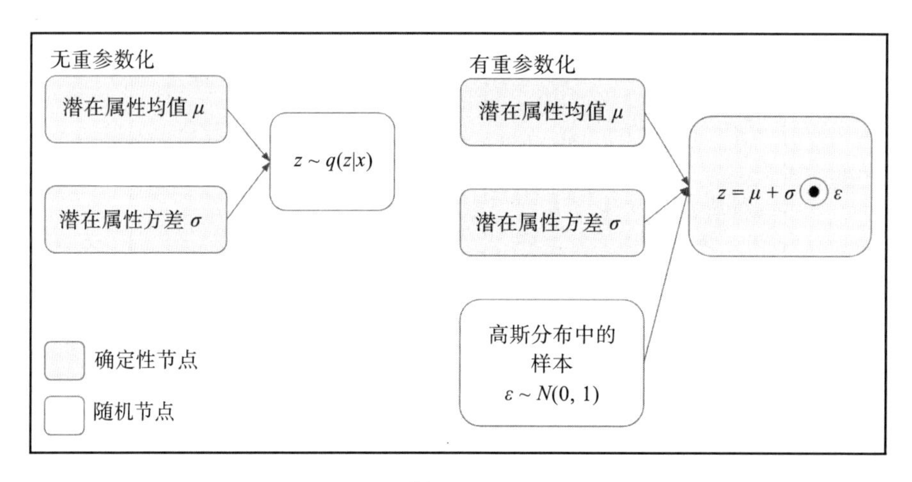

图 8-18

换句话说，由于每个属性的分布是高斯分布，根据这种分布的相关属性，我们可以用均值 μ 和协方差矩阵 $\sum$ 进行变换，公式如下：

$$z = \mu + \sum^{1/2}\varepsilon$$

上述公式中 $\varepsilon \sim N(0, 1)$。

通过引入重参数化技巧，我们现在可以通过简单的反向传播训练模型（见图 8-19）。

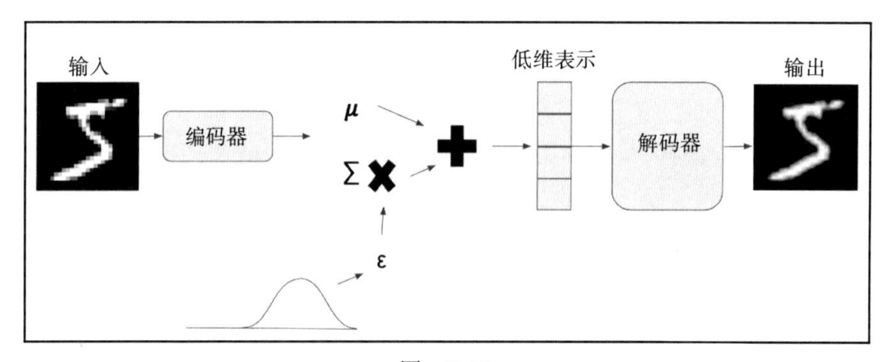

图 8-19

示例

本节编码示例展示了如何通过执行以下步骤来构建 VAE，同时继续使用 Keras 库和 MNIST 数据集：

1）首先，我们导入所需的库以及 MNIST 数据集和比例，正如我们之前所做的：

```
import numpy as np
import matplotlib.pyplot as plt
from scipy.stats import norm
from keras.layers import Input, Dense, Lambda
from keras.models import Model
from keras import backend as K
from keras import metrics
from keras.datasets import mnist
(x_train, y_train), (x_test, y_test) = mnist.load_data()
# Scale the training and testing data so that they are in a range
between 0 and 1
x_train = x_train.astype('float32')/255
x_test = x_test.astype('float32')/255
x_train = x_train.reshape(len(x_train), np.prod(x_train.shape[1:]))
x_test = x_test.reshape(len(x_test), np.prod(x_test.shape[1:]))
Assign appropriate values for each of the variables.
batch_size = 50
input_dim = 784 # Pixel values 28*28
latent_dim = 2 # The mean and variance
hidden_dim = 256 # Required to be smaller than the input
epochs = 20
epsilon_std = 1.0
Now we define the encoder, mean and standard deviation of the
latent variables.
x = Input(shape=(input_dim,))
# Encoder
h = Dense(hidden_dim, activation='relu')(x)
# Mean of the latent variables
z_mean = Dense(latent_dim)(h)
# Standard deviation of latent variables
z_log_var = Dense(latent_dim)(h)
Define a function that will sample from the latent space.
def sampling_function(args):
z_mean, z_log_var = args
epsilon = K.random_normal(shape=(K.shape(z_mean)[0], latent_dim),
mean=0., stddev=epsilon_std)
return z_mean + K.exp(z_log_var / 2) * epsilon
Define z to be a random sample from the latent normal distribution.
z = Lambda(sampling_function, output_shape=(latent_dim,))([z_mean,
z_log_var])
Assign the three layers for the decoder; we map the sampled points
from the latent space.
decoder = Dense(hidden_dim, activation='relu')
decoder_mean = Dense(input_dim, activation='sigmoid')
h_decoded = decoder(z)
x_decoded_mean = decoder_mean(h_decoded)
Now instantiate the VAE model.
```

```
vae = Model(x, x_decoded_mean)
Compile and fit the model.
vae.add_loss(vae_loss)
vae.compile(optimizer='rmsprop')
vae.summary()
vae.fit(x_train,
shuffle=True,
epochs=epochs,
batch_size=batch_size,
validation_data=(x_test, None))
```

以上命令生成如图 8-20 所示的输出。

Layer (type)	Output Shape	Param #	Connected to
input_1 (InputLayer)	(None, 784)	0	
dense_1 (Dense)	(None, 256)	200960	input_1[0][0]
dense_2 (Dense)	(None, 2)	514	dense_1[0][0]
dense_3 (Dense)	(None, 2)	514	dense_1[0][0]
lambda_1 (Lambda)	(None, 2)	0	dense_2[0][0] dense_3[0][0]
dense_4 (Dense)	(None, 256)	768	lambda_1[0][0]
dense_5 (Dense)	(None, 784)	201488	dense_4[0][0]

Total params: 404,244
Trainable params: 404,244
Non-trainable params: 0

图 8-20

2）VAE 的一个关键优点是，它可以学习输入数据的平滑潜在状态表示。在这里，我们建立一个模型，将输入映射到潜在空间：

```
encoder = Model(x, z_mean)
From here we can plot the digit classes in the latent space.
x_test_e = encoder.predict(x_test, batch_size=batch_size)
plt.figure(figsize=(10, 8))
plt.scatter(x_test_e[:, 0], x_test_e[:, 1], c=y_test)
plt.colorbar()
plt.show()
```

以上命令生成如图 8-21 所示的输出。

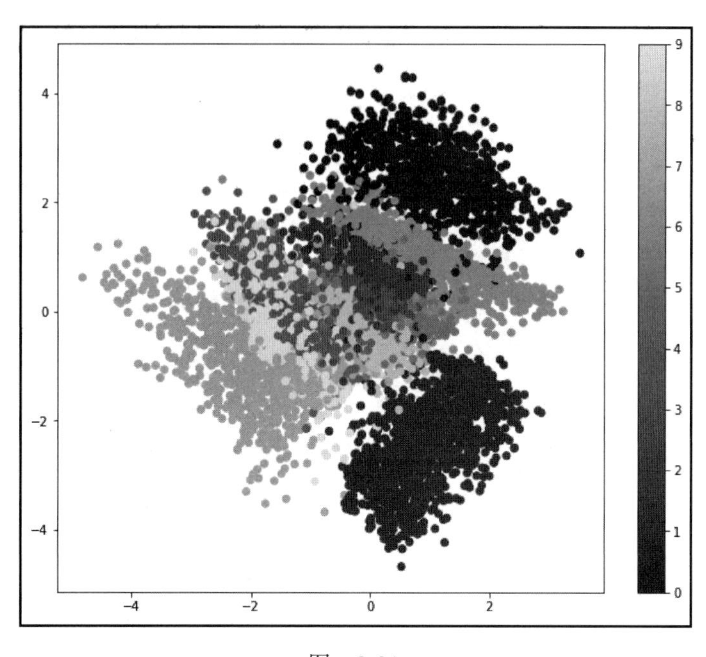

图　8-21

3）现在，我们建立一个数字生成器，可以从学习的分布中进行采样，如下所示：

```
input_decoder = Input(shape=(latent_dim,))
_h_decoded = decoder(input_decoder)
_x_decoded_mean = decoder_mean(_h_decoded)
gen = Model(input_decoder, _x_decoded_mean)
In order to display a manifold of the digits we can run the below.
n = 10
size_digit = 28
figure = np.zeros((size_digit * n, size_digit * n))
grid_x = norm.ppf(np.linspace(0.05, 0.95, n))
grid_y = norm.ppf(np.linspace(0.05, 0.95, n))
for i, yi in enumerate(grid_x):
for j, xi in enumerate(grid_y):
z_sample = np.array([[xi, yi]])
x_decoded = gen.predict(z_sample)
digit = x_decoded[0].reshape(size_digit, size_digit)
figure[i * size_digit: (i + 1) * size_digit,
j * size_digit: (j + 1) * size_digit] = digit
plt.figure(figsize=(10, 10))
plt.imshow(figure, cmap='Greys_r')
plt.show()
```

以上命令生成如图 8-22 所示的输出。

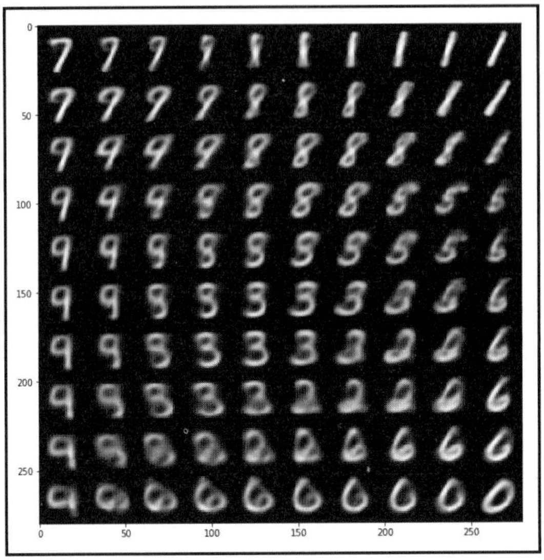

图 8-22

8.7 总结

在本章中，我们解释了什么是自编码器，并讨论了它们的各种类型。从头到尾，我们都给出了如何将自编码器应用到 MNIST 数据集的编码示例。

在第 9 章中，我们将介绍深度置信网络（Deep Belief Network，DBN）以及支撑其架构的一些基本概念。

8.8 延伸阅读

- *Tutorial on Variational Autoencoders*: `https://arxiv.org/abs/1606.05908`
- *CS598LAZ - Variational Autoencoders*: `http://slazebni.cs.illinois.edu/spring17/lec12_vae.pdf`
- *Auto-Encoding Variational Bayes*: `https://arxiv.org/abs/1312.6114`
- *Deep Learning Book*: `https://www.deeplearningbook.org/contents/autoencoders.html`

第9章 Chapter 9

DBN

本章我们将解释什么是深度置信网络（Deep Belief Network，DBN），以及它们是如何应用到一些现实问题中的。在深入了解DBN的细节之前，我们将首先介绍一些需要理解的基本概念。我们将举例说明如何在Python中实现这些模型，并对一些常用的数据集进行预测。

以下是本章的主要内容：

- DBN概述
- DBN架构
- 训练DBN
- 微调
- 数据集和库

9.1 DBN概述

DBN是一类无监督概率/图深度学习算法。DBN的目标是将数据分类到不同的类别中。它们由多层随机潜在变量构成，可以称为特征检测器或隐藏单元。正是这些隐藏单元捕获了数据中存在的相关性。

DBN由Geoffrey Hinton于2006年引入，并在以下领域得到了广泛的应用：

- 图像识别、生成和聚类

- 语音识别
- 视频序列
- 动作捕捉数据

在尝试完全理解 DBN 之前，有两个基本概念需要考虑和理解：

- 贝叶斯置信网络（BBN）
- 受限玻尔兹曼机（RBM）

9.1.1 贝叶斯置信网络

BBN 是一种概率图模型，可用来描述随机变量之间的条件依赖关系。它们可以用来帮助确定导致一个特定结果的原因或给定操作的不同效果的可能性。它们也可以用来预测未来。

我们考虑了一个人晴天时微笑的条件概率。根据观察到的结果（也就是我们的置信），一个人微笑的概率是 31/50，它表示两种结果同时发生的联合概率。所有四个联合概率结果之和为 1。某一事件发生的总概率称为边际概率。例如，它是晴天的边际概率为 34/50，如下表所示。

	晴天	不是晴天	
微笑	31/50	8/50	39/50
不微笑	3/50	8/50	11/50
	34/50	16/50	50/50

这些概率的关系可以表示为 BBN，其中一个节点表示一个假设 / 随机过程，该过程至少取两个可能的值。因此，贝叶斯网络对它们所建模的事件之间的概率依赖性做出了一定的假设。例如，“晴天”节点表示人是否在微笑，如图 9-1 所示。

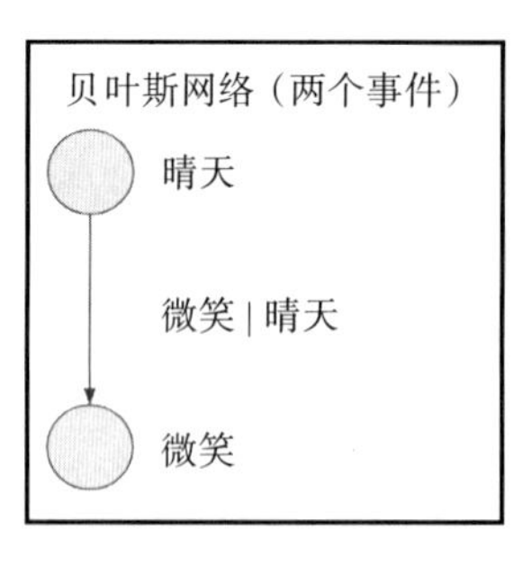

图 9-1

现在让我们再来考虑一下是否有彩虹和人的微笑之间的关系，如下表所示。

	有彩虹	无彩虹	
微笑	36/50	6/50	42/50
不微笑	2/50	6/50	8/50
	38/50	12/50	50/50

我们可以在一个 BBN 中呈现这三个事件（微笑、晴天和彩虹）。核心概念是为每一组互补且互斥的事件创建一个节点，在那些直接相互依赖的事件之间用箭头表示，如图 9-2 所示。

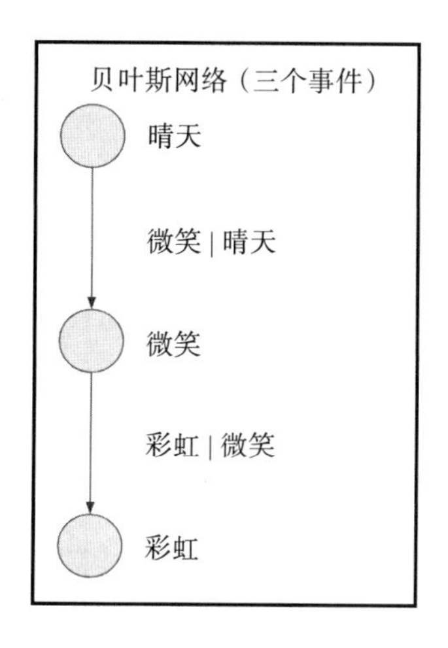

图 9-2

在 BBN 中传播信息有两种方式：预测和回溯。

1. 预测传播

在预测传播期间，信息按箭头的方向传递。例如，如果晴天的可能性很高，那么一个人微笑的可能性也很高。

2. 回溯传播

如果我们沿着相反方向的箭头，我们可以通过回溯传播来解释观测结果。例如，如果一个人在微笑，那是因为天气晴朗。

9.1.2 受限玻尔兹曼机

RBM 是一种广泛用于协同过滤、特征提取、主题建模和降维的算法。RBM 能够以无监督的方式学习数据集中的模式。

例如，如果你看了一部电影，然后说你是否喜欢它，我们可以使用 RBM 来帮助我们确定你做出此决定的原因。

RBM 属于一个称为基于能量模型（Energy-Based Model，EBM）的家族。它们接受能量的概念作为衡量模型质量的度量标准。它们的目标是最小化以下公式定义的能量，这取决于可视 / 输入状态、隐藏状态、权重和偏置项的配置。换句话说，在 RBM 的训练中，我们的目标是找到给定的参数值，使能量达到最小：

$$E(v,h)=-\sum_{i}a_{i}v_{i}-\sum_{j}b_{j}h_{j}-\sum_{i,j}v_{j}h_{j}w_{ij}$$

RBM 是两层网络，是 DBN 的基本构件。RBM 的第一层是神经元的可视 / 输入层，第二层是神经元的隐藏层（见图 9-3）。与 BBN 类似，神经元 / 节点是计算发生的地方。

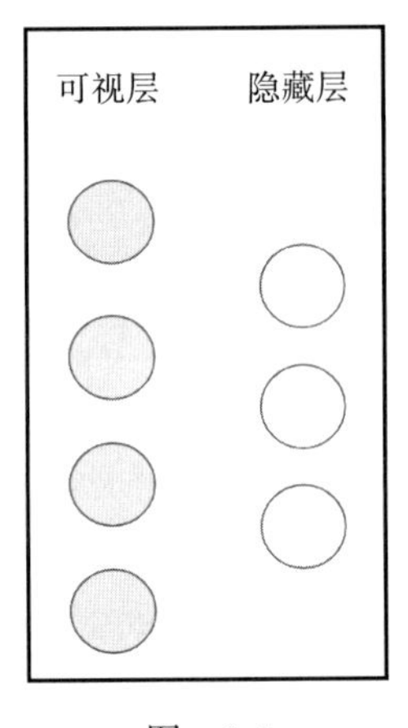

图 9-3

简单地说，RBM 从可视层获取输入，并将其转换为一组数字来表示。然后，这些数字被转换回来，通过训练期间的若干前向和反向传递来重构输入。RBM 中的限制使得同一层中的节点不连接。

可视层中的每个节点都从训练数据集中获取一个低级的特征。例如，在图像分类中，对于图像中的每个像素，每个节点都会收到一个像素值（见图 9-4）。

我们通过网络跟踪这一个像素值。输入 x 乘以来自隐藏层的权重，然后添加一个偏置项。之后将其送入到一个生成输出的激活函数中（见图 9-5）。给定输入 x，此输出实际上是通过它的信号的强度。

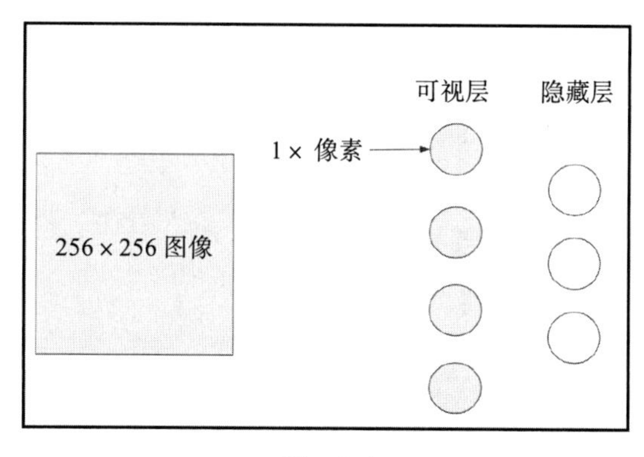

图　9-4

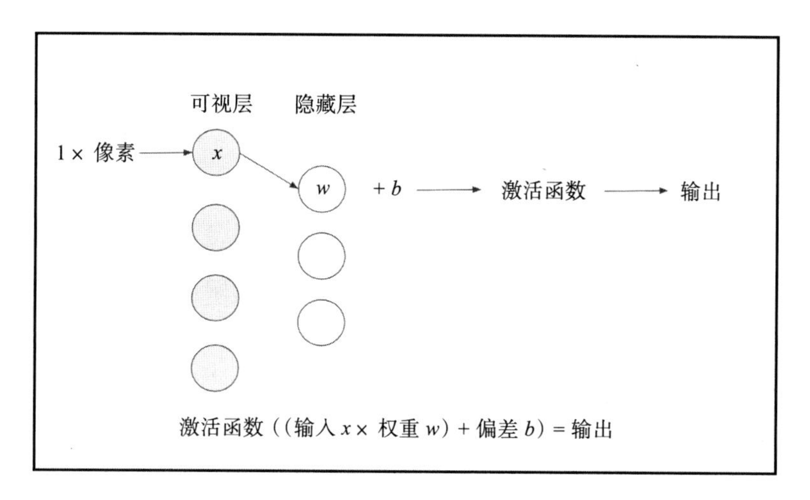

图　9-5

在隐藏层的每个节点上，每个像素值的 x 乘以一个单独的权值。然后对乘积求和并添加偏置项。之后，它的输出通过一个激活函数传递，在该节点产生输出，如图 9-6 所示。

在每个时间点，RBM 处于一定的状态，即神经元在可视层 v、隐藏层 h 的值。这种状态的概率可以由以下联合分布函数给出，其中 Z 为配分函数，它是所有可能的可视向量和隐藏向量对的总和：

$$p(v,h)=\frac{1}{Z}e^{-E(v,h)}$$

$$Z=\sum_{v,h}e^{-E(v,h)}$$

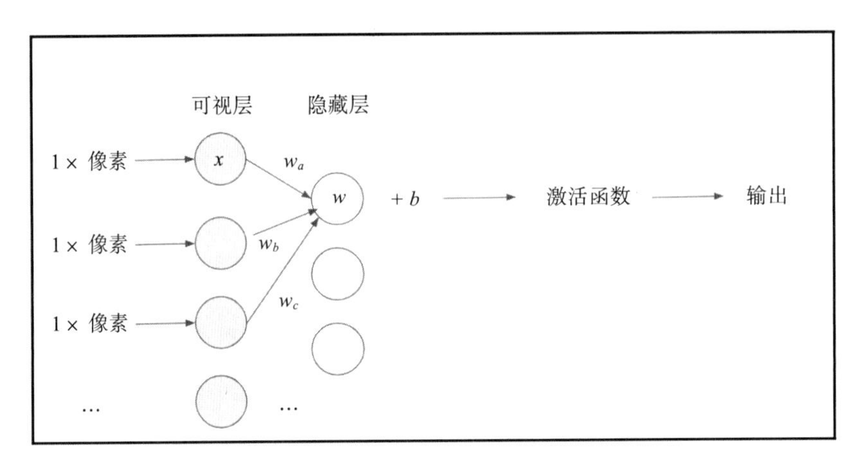

图 9-6

1. 训练 RBM

以下是 RBM 在训练中进行的两个主要步骤：

1）Gibbs 采样：训练过程的第一步使用 Gibbs 采样，重复以下步骤 k 次。给定输入向量，根据输入向量下的隐藏向量的概率，预测隐藏值。给定隐藏向量，根据隐藏向量下的输入向量的概率，预测输入值。从这里，我们获得另一个输入向量，它是根据原始输入值重新创建的。

2）对比散度：RBM 通过对比散度调整权重。在这个过程中，可视节点的权重是随机生成的，用来生成隐藏节点。然后，隐藏节点使用相同的权重来重构可视节点。用于重构可视节点的权重始终是相同的。但是，生成的节点并不相同，因为它们彼此之间没有连接。

一旦 RBM 被训练，它基本上能够表达以下两件事情：

- ❑ 输入数据的特征之间的相互关系。
- ❑ 在识别模式时，哪些特征是最重要的。

2. 示例——RBM 推荐系统

在电影的背景下，我们可以使用 RBM 来揭示一组代表其类型的潜在因素，从而确定一个人喜欢哪种类型的电影。例如，我们可以要求某人告诉我们他看过哪些电影，以及他是否喜欢这些电影，并将这些电影表示为 RBM 的二进制输入（1 或 0）。对于那些他没有看过或没有告诉我们的电影，我们需要赋值为 –1，以便网络能够在训练期间识别这些电影，并忽略它们的相关权重。

我们考虑一个例子——某个用户喜欢 *Mrs Doubtfire*、*The Hangover* 和 *Bridesmaids*，不喜欢 *Scream* 或 *Psycho*，也没有看过 *The Hobbit*。根据这些输入，RBM 可以识别出三个隐藏的因素：喜剧、恐怖和幻想，它们对应的电影类型如图 9-7 所示。

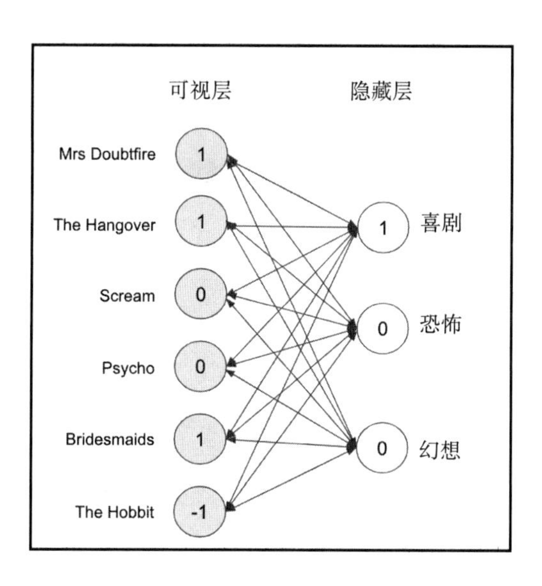

图 9-7

对于每个隐藏的神经元，RBM 指定一个给定输入神经元的隐藏神经元的概率。神经元的最终二进制值是通过伯努利（Bernoulli）分布采样得到的。

在前面的例子中，代表喜剧类型的唯一隐藏神经元变得活跃。因此，考虑到 RBM 中输入的电影评级，它预测用户最喜欢喜剧电影。

为了让训练好的 RBM 根据用户的喜好对用户尚未看过的电影做出预测，RBM 使用了给定隐藏神经元的可视神经元的概率。它从伯努利分布中采样，以找出哪一个可视神经元随后变得活跃。

3. 示例——RBM 推荐系统使用的代码

在电影的背景下继续讨论，我们现在将给出一个例子，关于我们如何使用 TensorFlow 库构建一个 RBM 推荐系统。该示例的目标是训练一个模型，以确定用户是否喜欢某个电影。

在本例中，我们将使用 MovieLens 数据集（https://grouplens.org/datasets/movielens/），该数据集具有 100 万个评级，由明尼苏达大学 GroupLens 研究小组创建，执行步骤如下：

1）首先，我们下载数据集。这可以通过终端命令来实现，如下所示：

```
wget -O moviedataset.zip
http://files.grouplens.org/datasets/movielens/ml-1m.zip
unzip -o moviedataset.zip -d ./data
unzip -o moviedataset.zip -d ./data
```

2）现在，我们导入将要使用的库，如下所示：

```
import pandas as pd
import numpy as np
import tensorflow as tf
import matplotlib.pyplot as plt
%matplotlib inline
```

3）然后导入数据，如下所示：

```
movies_df = pd.read_csv('data/ml-1m/movies.dat', sep = '::', header
= None)
movies_df.columns = ['movie_id', 'title', 'genres']
movies_df['List Index'] = movies_df.index
ratings_df = pd.read_csv('data/ml-1m/ratings.dat', sep = '::',
header = None)
ratings_df.columns = ['user_id', 'movie_id', 'rating', 'timestamp']
```

4）我们现在合并电影和评级数据集并删除不必要的列：

```
merged_df= movies_df.merge(ratings_df, on='movie_id')
merged_df = merged_df.drop(['timestamp', 'title', 'genres'],
axis=1)
merged_df.head(2)
```

以上命令生成如图 9-8 所示的输出。

movie_id	List Index	user_id	rating
1	0	1	5
1	0	6	4

图 9-8

5）现在，我们通过执行以下命令来对用户 ID 进行分组：

```
usergroup = merged_df.groupby('user_id')
usergroup.first().head()
```

以上命令生成如图 9-9 所示的输出。

user_id	movie_id	List Index	rating
1	1	0	5
2	21	20	1
3	104	102	4
4	260	257	5
5	6	5	2

图　9-9

6）然后，我们创建一个列表的列表，其中训练数据中的每个列表都是归一化为区间 [0,1] 的用户对所有电影的评级。评级除以 5，因为需要归一化后才能输入神经网络：

```
training_users = 1000
training_data = []
for userID, curUser in usergroup:
temp = [0]*len(movies_df)
for num, movie in curUser.iterrows():
temp[movie['List Index']] = movie['rating']/5.0
training_data.append(temp)
if training_users == 0:
break
training_users -= 1
```

7）现在，我们为隐藏单元的数量 h 和可视单元的数量 v 赋值。我们选择隐藏单元的数量，并将可视单元的数量设置为输入数据集的长度。将使用这些隐藏单元和可视单元的大小来创建权重矩阵：

```
h = 20
v = len(movies_df)
```

8）现在，我们分配的 `tf.placeholder` 大小要合适。它本质上是一个文字占位符，我们将在训练期间输入其值：

```
# This is the number of unique movies
vb = tf.placeholder(tf.float32, [v])
# This is the number of features we are going to learn in the
hidden unit
hb = tf.placeholder(tf.float32, [h])
# This is the placeholder for the weights
W = tf.placeholder(tf.float32, [v, h])
```

9）然后，我们得到了隐藏层的输出。这是我们的处理阶段，也是 Gibbs 采样的开始。我们使用一个修正线性单元 (Rectified Linear Unit，ReLU) 作为我们的激活函数。也可以使用其他的激活函数，如 sigmoid 函数的双曲正切函数，但它们在计算上的计算成本更高。

```
v0 = tf.placeholder(tf.float32, [None, v])
# Visible layer activation
_h0 = tf.nn.sigmoid(tf.matmul(v0, W) + hb)
# Gibb's Sampling
hidden0 = tf.nn.relu(tf.sign(_h0 -
tf.random_uniform(tf.shape(_h0))))
```

10）现在，我们定义重构阶段。我们从隐藏层激活中重新创建输入，如下所示：

```
# Hidden layer activation; reconstruction
_v1 = tf.nn.sigmoid(tf.matmul(hidden0, tf.transpose(W)) + vb)
visible1 = tf.nn.relu(tf.sign(_v1 -
tf.random_uniform(tf.shape(_v1))))
h1 = tf.nn.sigmoid(tf.matmul(visible1, W) + hb)
```

11）我们把学习率设为 alpha。我们还通过矩阵乘法来启动正梯度和负梯度。我们还定义了使用对比散度算法更新权重矩阵和偏置项的代码。给定数据和人员梯度的近似值，这近似于对数似然梯度：

```
alpha = 0.6
w_pos_grad = tf.matmul(tf.transpose(v0), hidden0)
w_neg_grad = tf.matmul(tf.transpose(visible1), h1)
# Calculate the contrastive divergence
CD = (w_pos_grad - w_neg_grad) / tf.to_float(tf.shape(v0)[0])
# Methods to update weights and biases
update_w = W + alpha * CD
update_vb = vb + alpha * tf.reduce_mean(v0 - visible1, 0)
update_hb = hb + alpha * tf.reduce_mean(hidden0 - h1, 0)
```

12）下面的代码在每次训练的迭代中为计算创建权重和偏置项矩阵。权重初始化为正态分布的随机值，其标准差较小。

```
# Current weight
cur_w = np.random.normal(loc=0, scale=0.01, size=[v, h])
# Visible unit biases at current state
cur_vb = np.zeros([v], np.float32)
# Hidden unit biases at current state
cur_hb = np.zeros([h], np.float32)
# Previous weight of network
previous_w = np.zeros([v, h], np.float32)
# Visible unit biases (previous)
previous_vb = np.zeros([v], np.float32)
# Hidden unit biases (previous)
previous_hb = np.zeros([h], np.float32)
err = v0 - visible1
err_sum = tf.reduce_mean(err*err)
#We set the error function to be the mean absolute error.
err = v0 - visible1
err_sum = tf.reduce_mean(err*err)
```

13）现在，如果在 GPU 上运行，那么我们使用适当的配置在 TensorFlow 中初始化一个会话，如下面的命令所示：

```
config = tf.ConfigProto()
config.gpu_options.allow_growth = True
sess = tf.Session(config=config)
sess.run(tf.global_variables_initializer())
```

14）从这里开始，我们按照以下代码对模型进行训练：

```
epochs = 15
batch_size = 100
errors = []
for i in range(epochs):
for start, end in zip( range(0, len(training_data), batch_size),
range(batch_size, len(training_data), batch_size)):
batch = training_data[start:end]
cur_w = sess.run(update_w, feed_dict={v0: batch, W: previous_w, vb:
previous_vb, hb: previous_hb})
cur_vb = sess.run(update_vb, feed_dict={v0: batch, W: previous_w,
vb: previous_vb, hb: previous_hb})
cur_nb = sess.run(update_hb, feed_dict={v0: batch, W: previous_w,
vb: previous_vb, hb: previous_hb})
previous_w = cur_w
previous_vb = cur_vb
previous_hb = cur_nb
errors.append(sess.run(err_sum, feed_dict={v0: training_data, W:
cur_w, vb: cur_vb, hb: cur_nb}))
```

15）现在，我们绘制训练期间跨 epoch 的误差，如下所示：

```
plt.plot(errors)
plt.ylabel('Error')
plt.xlabel('Epoch')
plt.show()
```

以上命令生成图 9-10。

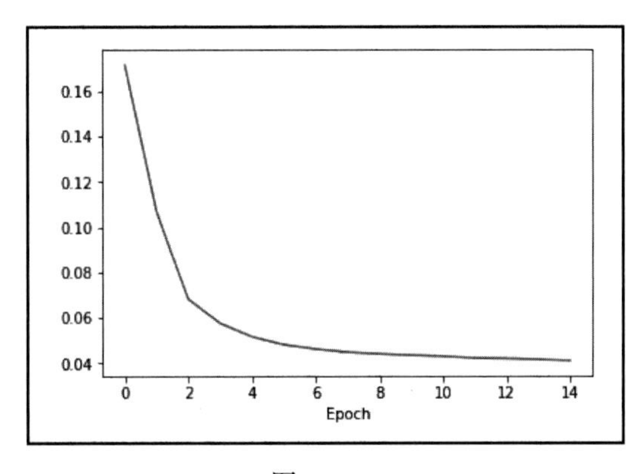

图　9-10

这个图表还帮助我们确定应该为训练运行多少个 epoch。结果表明，经过 6 个 epoch 的训练后，性能的提升率下降，应考虑在此阶段停止训练。

9.2 DBN 架构

DBN 是一个多层的置信网络，其中每一层都是一个相互堆叠的 RBM。除了 DBN 的第一层和最后一层之外，每一层都是在它之前的节点的一个隐藏层，以及在它之后的节点的输入层（见图 9-11）。

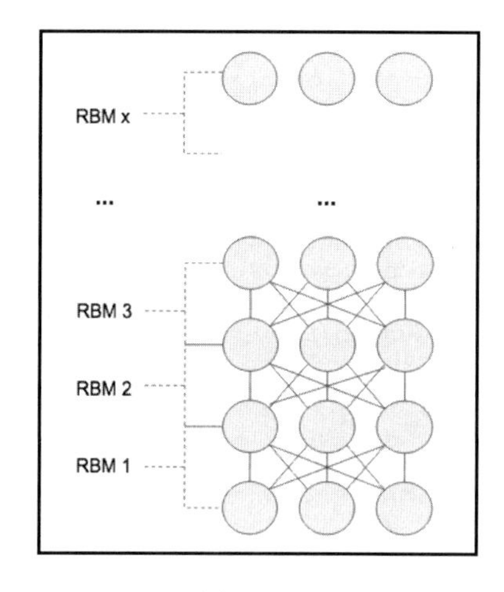

图 9-11

DBN 中的两层由一个权重矩阵连接。DBN 的最上面两层是无向的，这使得它们之间具有对称连接，形成联想记忆。较低的两层与上面的层有直接的连接。方向的存在将联想记忆转化为观察到的变量（见图 9-12）。

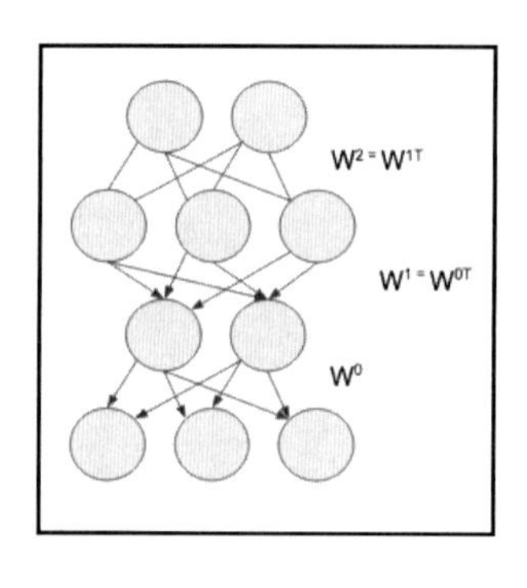

图 9-12

DBN 的两个最重要的特性如下：

- DBN 通过一个有效的、逐层的过程学习自上向下的生成权重。这些权重决定了一个层中的变量如何依赖于上面的层。
- 训练完成后，可以通过一次自下向上的遍历推断每个层中的隐藏变量的值。从底层的可视数据向量开始，并沿相反的方向使用其生成权重。

与所有其他联合构型网络的能量相比，在可视层和隐藏层上的联合构型网络的概率取决于联合构型网络的能量。

一旦由 RBM 栈完成 DBN 的预训练阶段，就可以使用前馈网络进行微调，以创建分类器，或者在无监督学习场景中简单地帮助未标记的数据进行聚类（见图 9-13）。

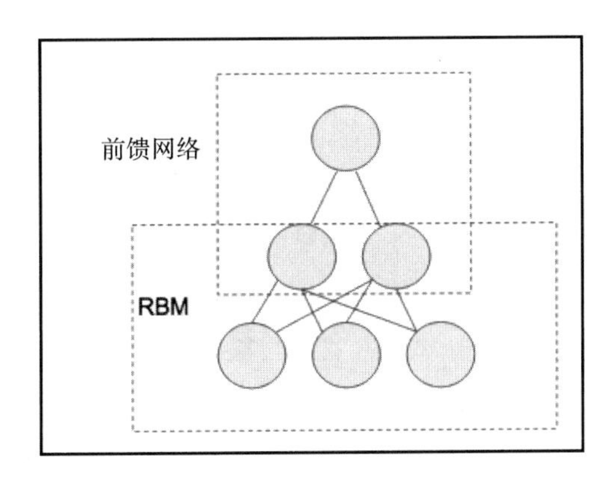

图 9-13

9.3 训练 DBN

DBN 的训练采用贪婪算法，每次训练一层。RBM 是按顺序学习的。围绕这种贪婪方法的一个关键概念是，它允许序列中的每个模型接收输入数据的不同表示形式。

DBN 的训练有两个阶段需要考虑，一个是正向阶段，一个是负向阶段：

- 正向阶段：第一层使用来自训练数据集的数据进行训练，而所有其他层都被冻结。推导第一个隐藏层的所有激活概率。这被称为正向阶段（见图 9-14）。

负向阶段：在负向阶段，可视单元以与正向阶段类似的方式被重构。从这里，所有相关的权重被更新（见图 9-15）。

从这里开始，先前训练的特征的激活被视为可视单元，以便学习那些在第二层的特征。

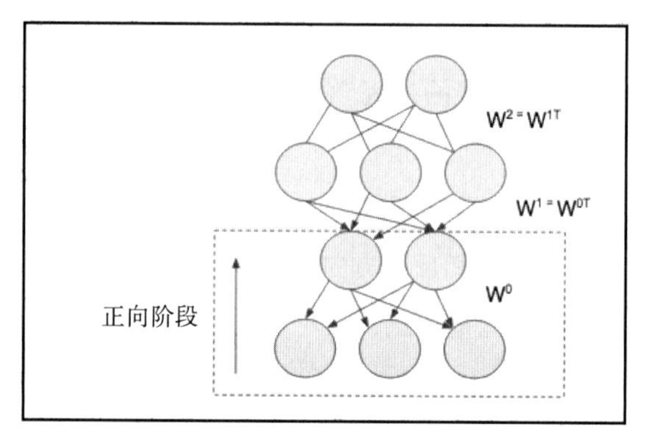

图 9-14

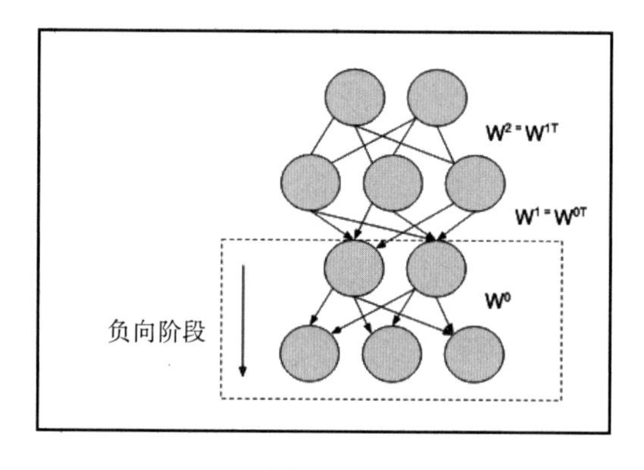

图 9-15

第二个 RBM 中的权重是第一个 RBM 中的权重的转置。和第一个 RBM 一样，Gibbs 采样使用对比散度法。计算正向阶段和负向阶段，然后更新相关的权重。我们迭代这个过程，直到得到阈值（见图 9-16）。

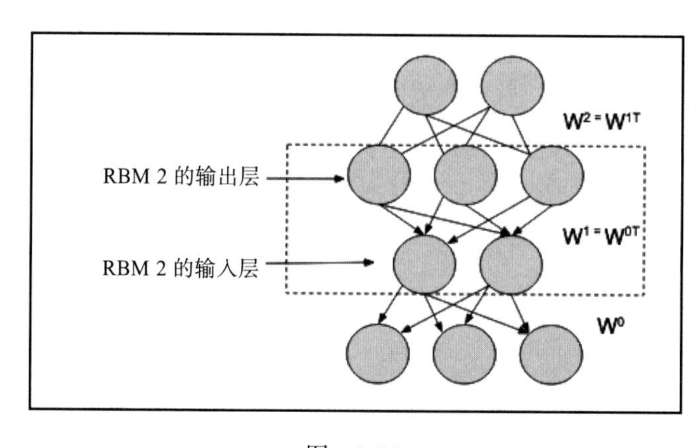

图 9-16

随后的每一层都将前一层的输出作为输入来生成输出。每一层的输出本质上是数据的一种新的表示，具有更简单的分布。最后一层学习完成后，将对整个 DBN 进行训练。

9.4　微调

微调的目的是提高模型的准确度，更好地区分类别。它的目标是找出层间权重的最优值。对原始特征进行微调，以获得更精确的边界类。

一个小的标签数据集用于微调，因为这有助于模型将模式和特征关联到数据集。反向传播是一种用于微调和有助于模型更好地泛化的方法。

一旦我们确定了一些合理的特征检测器，反向传播只需要执行一个局部搜索。

微调可以作为随机的自下向上遍历并调整自上向下的权重。到达顶层后，将递归应用于顶层。为了进一步调整，我们可以执行一个随机自上向下遍历并调整自下向上的权重。

9.5　数据集和库

现在我们已经从理论的角度介绍了 DBN，接下来我们来看一些使用 TensorFlow 库和 TensorFlow DBN GitHub 仓库的代码示例（https://github.com/albertbup/deep-belief-network/）。通过该仓库可以实现简单、快速、基于二进制 RBM 的 DBN 的 Python 程序。

为了做到这一点，我们将考虑两个在机器学习社区中常用的数据集：

- MNIST 数据集：对于这个数据集，你可以参考第 3 章。这是一个图像数据集，每个图像显示 0 ~ 9 之间的数字（见图 9-17）。每幅图像的高度为 28 像素，宽度为 28 像素。它在 `sklearn` 库中可用，但可以从 http://yann.lecun.com/exdb/mnist/ 下载。

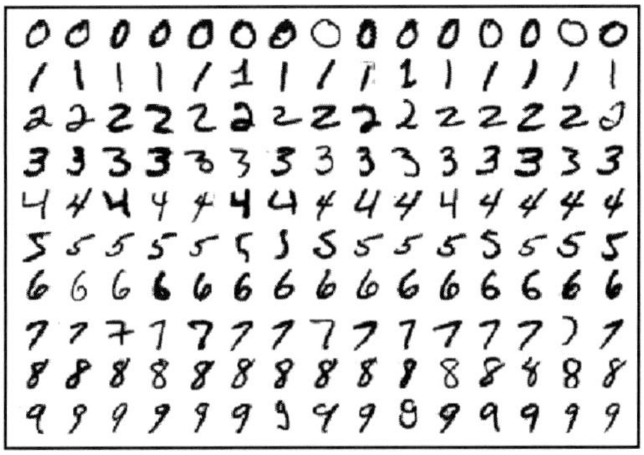

图　9-17

- 波士顿房价数据集：它包含关于波士顿不同房子的信息（见图 9-18）。它在 `sklearn` 库中可用，也可以从 https://www.cs.toronto.edu/~delve/data/boston/ bostonDetail.html 下载。

```
Boston house prices dataset
---------------------------

**Data Set Characteristics:**

    :Number of Instances: 506

    :Number of Attributes: 12 numeric/categorical predictive. Median Value (attribute 13) is usually the target.

    :Attribute Information (in order):
        - CRIM     per capita crime rate by town
        - ZN       proportion of residential land zoned for lots over 25,000 sq.ft.
        - INDUS    proportion of non-retail business acres per town
        - CHAS     Charles River dummy variable (= 1 if tract bounds river; 0 otherwise)
        - NOX      nitric oxides concentration (parts per 10 million)
        - RM       average number of rooms per dwelling
        - AGE      proportion of owner-occupied units built prior to 1940
        - DIS      weighted distances to five Boston employment centres
        - RAD      index of accessibility to radial highways
        - TAX      full-value property-tax rate per $10,000
        - PTRATIO  pupil-teacher ratio by town
        - LSTAT    % lower status of the population
        - MEDV     Median value of owner-occupied homes in $1000's

    :Missing Attribute Values: None

    :Creator: Harrison, D. and Rubinfeld, D.L.

This is a copy of UCI ML housing dataset.
https://archive.ics.uci.edu/ml/machine-learning-databases/housing/
```

图 9-18

9.5.1 示例——有监督的 DBN 分类

在这个示例代码中，我们实现了一个有监督的 DBN 分类模型。我们使用 TensorFlow DBN GitHub 仓库和 MNIST 数据集来训练一个模型，该模型将图像分类为 0 ~ 9 之间的数字。我们执行以下步骤：

1）首先，我们导入相关的库：

```
import numpy as np
import pandas as pd
from dbn.tensorflow import SupervisedDBNClassification
from sklearn.model_selection import train_test_split
from sklearn.metrics.classification import accuracy_score
from sklearn.preprocessing import StandardScaler
```

2）然后导入 MNIST 数据集：

```
data = pd.read_csv("train.csv")
```

3）我们将特征变量（X）赋值，它本质上是图像的像素值：

```
X = np.array(data.drop(["label"], axis=1))
```

4）我们将目标变量（Y）赋值为数字 0 ~ 9：

```
Y = np.array(data["label"])
array([1, 0, 1, ..., 7, 6, 9])
```

5）然后，我们使用 sklearn 库中的 StandardScaler 函数对 X 中的像素值进行归一化，然后将数据集分割为训练数据集和测试数据集：

```
ss = StandardScaler()
X = ss.fit_transform(X)
X_train, X_test, Y_train, Y_test = train_test_split(X, Y,
test_size=0.2, random_state=0)
```

6）接下来，我们初始化 SupervisedDBNClassifier 分类器，并将其匹配到训练数据集：

```
classifier = SupervisedDBNClassification(hidden_layers_structure
=[256, 256], learning_rate_rbm=0.05, learning_rate=0.1,
n_epochs_rbm=10, n_iter_backprop=100, batch_size=32,
activation_function='relu', dropout_p=0.2)
classifier.fit(X_train, Y_train)
```

7）从这里，我们可以对测试数据进行预测，并对模型的准确度进行评估：

```
Y_pred = classifier.predict(X_test)
accuracy = accuracy_score(Y_test, Y_pred)
```

9.5.2 示例——有监督的 DBN 回归

在本例中，我们将使用波士顿房价数据集来训练一个模型，该模型使用数据集中的特征来预测房价。执行以下步骤：

1）首先，我们导入相关的库并分配我们的特征值 X 和目标值 Y，然后将数据集分割为训练数据集和测试数据集，如前所述：

```
from sklearn.datasets import load_boston
from sklearn.model_selection import train_test_split
from sklearn.metrics.regression import r2_score, mean_squared_error
from sklearn.preprocessing import MinMaxScaler
from dbn.tensorflow import SupervisedDBNRegression
# Load the Boston dataset
boston = load_boston()
```

```
# Define x and y variables
x, y = boston.data, boston.target
# Split dataset between train and test
x_train, x_test, y_train, y_test = train_test_split(x, y,
test_size=0.3, random_state=100)
```

2）我们使用 sklearn 库的 MinMaxScaler 函数来重新调整特征值，使其位于 [0,1] 范围内，如下所示：

```
min_max_scaler = MinMaxScaler()
x_train = min_max_scaler.fit_transform(x_train)
x_test = min_max_scaler.transform(x_test)
```

3）接下来，我们启动 SupervisedDBNRegression 分类器，并将模型与我们的数据集进行匹配，如下所示：

```
regressor = SupervisedDBNRegression(hidden_layers_structure=[100],
learning_rate_rbm=0.01, learning_rate=0.01, n_epochs_rbm=20,
n_iter_backprop=100, batch_size=20, activation_function='relu')
regressor.fit(x_train, y_train)
```

4）在这里，我们可以对测试数据集进行预测，并查看模型的性能：

```
y_pred = regressor.predict(X_test)
mean_squared_error(y_test, y_pred)
```

9.5.3 示例——无监督的 DBN 分类

在这个示例中，我们展示了如何通过 MNIST 数据集使用无监督的 DBN 特征提取器和逻辑回归分类器来构建一个分类管道。

除了先前导入的库之外，还要导入 sklearn 库的 Pipeline、UnsupervisedDBN 函数，以及 MNIST 数据集：

```
from sklearn.pipeline import Pipeline
from sklearn import linear_model
from dbn.models import UnsupervisedDBN
data = pd.read_csv('train.csv')
X = np.array(data.drop(['label'], axis=1))
Y = np.array(data['label'])
X_train, X_test, Y_train, Y_test = train_test_split(X, Y, test_size=0.2,
random_state=0)
```

现在，我们启动模型并将它们合并成一个管道，如下所示：

```
logistic = linear_model.LogisticRegression()
dbn = SupervisedDBNClassification(hidden_layers_structure=[256, 256],
```

```
learning_rate_rbm=0.05, learning_rate=0.1, n_epochs_rbm=10,
n_iter_backprop=50, batch_size=32, optimization_algorithm='sgd',
activation_function='relu', dropout_p=0.1)
classifier = Pipeline(steps=[('dbn', dbn), ('logistic', logistic)])
history = classifier.fit(x_train, y_train)
```

9.6 总结

在本章中，我们介绍了置信网络和 RBM，并解释了如何将它们发展成 DBN。为了对数据集进行预测，我们给出了如何在 TensorFlow 中实现有监督的 DBN 和无监督的 DBN 的示例。

从本章开始，本书将以蒙特卡洛方法和强化学习的形式深入探讨一些无监督的学习方法。

9.7 延伸阅读

- *A Fast Learning Algorithm for Deep Belief Nets*: http://www.cs.toronto.edu/~fritz/absps/ncfast.pdf
- *Training restricted Boltzmann machines: An Introduction*: https://www.sciencedirect.com/science/article/abs/pii/S0031320313002495
- *Deep Boltzmann Machines*: http://proceedings.mlr.press/v5/salakhutdinov09a/salakhutdinov09a.pdf
- *A Practical Guide to Training Restricted Boltzmann Machines*: https://www.cs.toronto.edu/~hinton/absps/guideTR.pdf
- *Deep Belief Networks*: https://link.springer.com/chapter/10.1007/978-3-319-06938-8_8

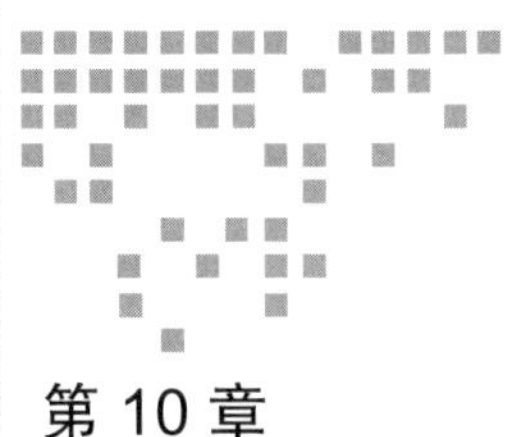

Chapter 10 第10章

强化学习

到目前为止，我们已经探索了从观测数据中学习的许多不同方法。毕竟，即使生成算法也是基于一个数据集的，这个数据集用来创建一个非常通用的数据表示，而这个数据表示是用来训练生成算法的。

现在，我们将研究一个完全不同的学习范式——强化学习（RL），它不需要任何训练数据集或输出标签。RL使用不同的范式运行。与深度学习相比，主要区别在于，对于RL我们希望探索不同的解决方案，在某种程度上，是算法本身创建了自己的数据集。

这些学习范式似乎更类似于一般的人类智能。这是因为我们大部分的学习并不是来自外显学习和清晰标签，而是来自试错或归纳。

在本章中，我们将概述主要的RL算法，并演示一个用Python实现的例子。

10.1 基本定义

最近，RL越来越受欢迎。值得注意的是，它的许多突破来自诸如深度学习等有监督方法的改进。

目前，大多数RL算法都用于电子游戏等虚拟环境中。幸运的是，像OpenAI这样的公司已经创建并发布了学习环境，可以轻松地在不同的环境中测试算法。

你可以从OpenAI的网站下载称为Gym的学习环境。

此外，在RL上还有一些实际的应用程序，其中一些应用程序具有巨大的影响力。例如，DeepMind在对谷歌的数据中心进行优化后，能够分别将谷歌的数据中心的能耗和总能耗降低10%和40%。

这些算法的一个主要问题是泛化学习。最终，我们想要解决现实世界的问题，但探索RL算法最有效的方法是将其应用到电子游戏中。

有两种主要方法可确保将该算法成功应用于实际问题：

- **关注模拟**：通过这种方法，我们要确保所运行的环境具有足够的通用性，以便在切换到实际应用程序时可以保持相似的结果。这只适用于非常特定的应用程序，因为精确复制复杂环境的成本随着其复杂性的增加而增加。
- **关注算法**：如果我们遵循这一道路，我们要确保算法足够通用，可以成功地应用于实际应用中。与前一种方法相比，因为可以在更多的虚拟环境中测试算法，以了解它在不同场景中的执行情况，所以这种方法更易于实现复杂的问题。

在研究问题之前，我们应确保已具备基本定义：

- **智能体**：智能体是算法可以控制并从中接收反馈的任何对象。如果我们考虑机器人学，很明显，智能体就是需要执行特定动作（行为）的机器人。在电子游戏（例如Pong，见图10-1）中，智能体只是算法控件的pad。

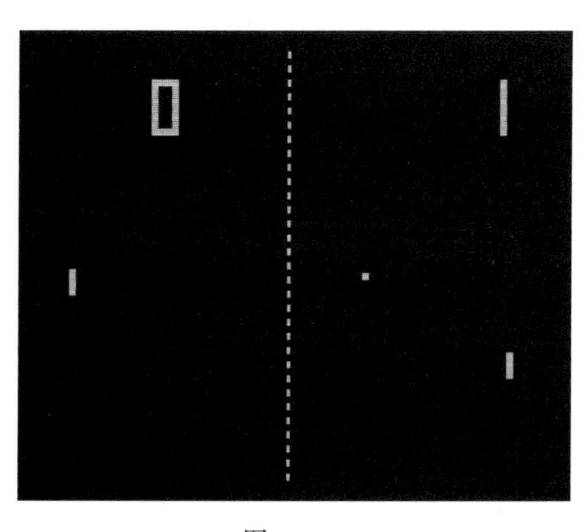

图 10-1

- **环境**：本质上，环境是所有非智能体的内容，也是算法不能直接控制的内容。这是一个非常宽泛的定义，有时候，要在实践中定义环境是相当困难的。为了证明这一点，让我们回到前面的例子——Pong。该游戏使用非常简单的环境，但就环境而言，我们仍然有一些选择。例如，我们是否应该将屏幕上的每个像素都视为环境的一部分？分数和中间的虚线呢？更复杂的示例（例如机器人）需要更多的思考，因为我们希望找到最完整、最简单的表示形式，从而将算法引导至最佳解决方案。我们如何定义它将决定我们使用的算法有多复杂，因此这是最重要的问题之一。

- **目标和反馈**：目标是指我们的算法要实现的什么，以及反馈给算法提供正确的指导方向。RL 与其他方法最重要的区别之一是，RL 不会针对下一个动作进行优化，而是对所有奖励的累积总和进行优化。与环境的定义一起，这是定义问题的最关键步骤。对于 Pong 游戏，目标似乎很明确：我们想赢得比赛，但是有多种方法可以实现这一目标。例如，假设我们认为我们的智能体在对手不得分的情况下应获得奖励。我们可以在它过去的任何一秒后提供一些积极的反馈，但在这种情况下，智能体将既不会赢也不会输，因为这会限制其奖励。取而代之的是，它将通过避免得分或获得积分来尝试使游戏尽可能长时间运行。
- **状态**：状态是我们代表环境当前状况的方式。在电子游戏中，一种流行的表示方式是使屏幕具有原始像素值，就好像它是图像一样。这使我们可以使用一些常见的计算机视觉技术，尤其是深度学习。对于机器人，状态可以用关节角度和速度表示。
- **动作空间**：指我们的智能体可以采取的所有可能的动作。它通常是特定于环境的，可以是离散的也可以是连续的。这种区别非常重要，因为某些算法特定于连续或离散的动作空间。
- **策略**：这是指智能体已了解的一组规则，以便可以决定采取哪种动作以使总奖励最大化。策略通常用 π 表示。我们有两种不同类型的策略：确定性策略和随机策略。顾名思义，确定性策略是从空间到动作的明确定义的映射，并使用以下公式表示：

$$\pi: S \rightarrow A$$

随机策略将从一个将状态作为优先级的分布中采样，以决定采取什么动作。我们可以将这些策略如下表示：

$$\pi(a|s)$$

随机策略是用于深度神经网络（DNN）的。它们的优点是对动作进行采样并计算特定动作的可能性。通过采样，我们正在探索在现有假设下不能最大化目标的替代方法，这是 RL 的主要优点之一。通过计算最大似然，我们可以使收益最大化，这是 RL 的另一个关键方面。

10.2 Q-learning 介绍

RL算法有很多不同的类型，主要可分为基于模型的和无模型的RL算法。我们对环境的建模如图10-2所示。

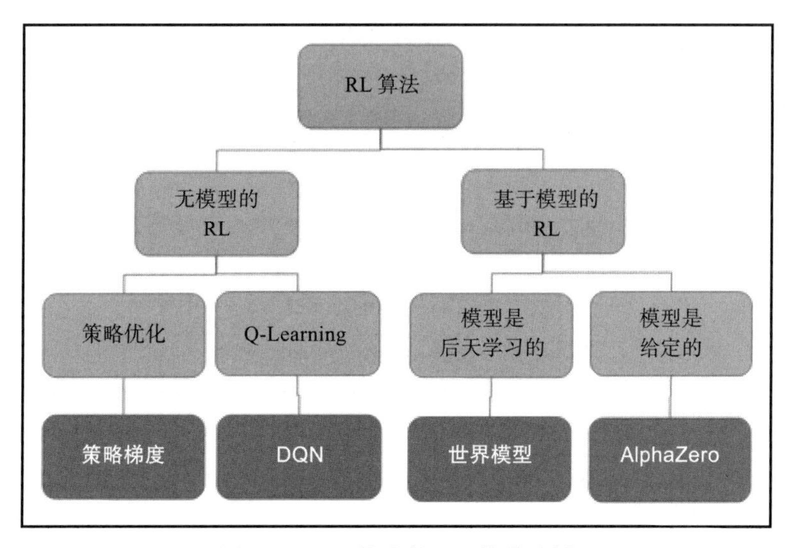

图10-2 RL算法的一些简单示例

顾名思义，基于模型的RL从大局入手。这使智能体可以提前计划和思考。这种方法的问题之一是，通常无法获得真实的环境模型，并且该模型必须根据经验进行学习。这方面的一个例子是DeepMind的AlphaZero，它是通过自我学习进行训练的。

另一种相对应的是无模型的方法，当然，它们不使用模型。该方法的主要优势之一是采样效率，以及（当前）这些模型更易于使用和改进。

在本章中，我们将重点介绍无模型方法。

10.2.1 学习目标

RL的第二个主要差异是学习目标。根据问题的类型及复杂性，我们可能想学习不同的东西。因此，目标可能如下：

- 策略优化
- 动作价值函数
- 价值函数
- 环境模型

10.2.2 策略优化

在 RL 中，我们想找到一个好的策略。为了实现这一点，我们需要通过参数化策略来表示它。在这种情况下，我们可以表示策略 π，如图 10-3 所示。

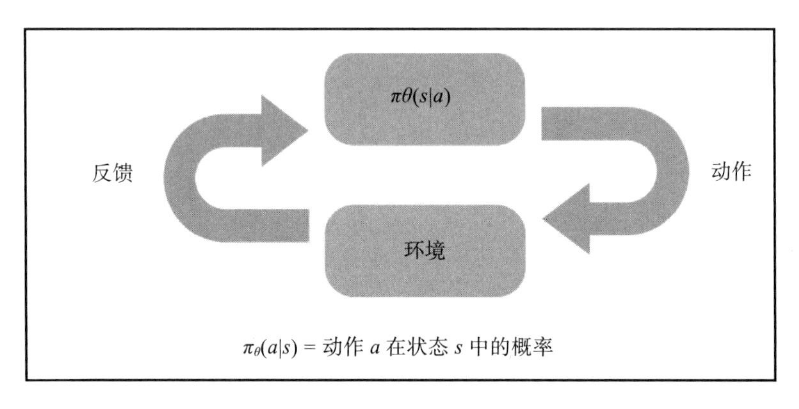

图 10-3

此处 θ 是我们的算法需要优化的参数。

通常，这些算法也是基于策略的，这意味着在对策略进行动作时可以直接对其进行更新。我们还需要对策略优劣进行估算，可使用策略 π 下的价值函数 V 来获得。

这些方法最近受到了很多关注，因为有许多突破推动了 RL 研究的极限。

策略优化方法的一些例子是 Actor-Critic 模型，如 A2C、A3C 和近端策略优化（PPO）。

10.2.3 Q-learning 方法

这一系列方法主要关注学习 Q 矩阵 $Q(s, a)$，这是一个近似最优的动作价值函数 $Q\theta(s, a)$。通常，这些算法执行非策略优化，这意味着每次更新都可以在训练期间的任何数据点进行收集。该策略是固定的，用于选择旨在最大化奖励的下一个动作。

Q-learning 的一个示例是 Deep Q Network（DQN）。

10.3 使用 OpenAI Gym

如前所述，OpenAI 是致力于 RL 研究的主要公司之一。它们发布了一组环境，可以在一个界面下测试不同的算法。可以在 https://gym.openai.com/ 找到更多相关信息。

在macOS或Linux上安装它非常简单。可以输入以下命令：

```
pip install gym
```

在编写本书时，在Windows上安装则要复杂得多。为此，可以执行以下步骤：

1）从 `vcXsrv` 安装VcXsrv Windows X Server。

2）运行bash。

3）使用以下命令安装https://github.com/openai/gym/#installing-everything中列出的所有依赖项：

```
pip install gym
```

4）重新启动后，调用VcXsrv。

5）运行以下命令：

```
export DISPLAY=:0
```

现在，应该可以运行一个非常简单的算法，只需重复相同的动作即可测试我们的安装：

1）首先，我们需要通过执行以下命令来导入 `gym` 库：

```
import gym
```

2）然后，我们需要指定环境。这里选择了Cart-Pole环境（`CartPole-v0`），但还有其他几个环境。其中一些来自古老的的 `atari` 街机游戏，例如最受欢迎的“Space Invaders”(`SpaceInvaders-v0`)：

```
env = gym.make('CartPole-v0')
```

3）要测试SpaceInvaders，你需要Atari依赖项，可以使用以下命令进行安装：

```
pip install -e 'gym[atari]'
env = gym.make('SpaceInvaders-v0')
```

现在，我们可以看到Gym的基础。我们可以通过在选择的环境上调用reset方法来启动游戏。

在此示例中，我们决定研究20个不同的情节episode。在每个情节开始时，我们需要重置环境，这将会让一切都回到开始：

```
for i_episode in range(20):
    observation = env.reset()
```

我们选择 100 作为要研究的最大时间范围。对于 Cart-Pole 问题，如果智能体能够存活这么长时间，就足以决定获胜：

```
for t in range(100):
```

在每个时间步的开始，我们要更新环境的状态。我们应该能够可视化图 10-4。

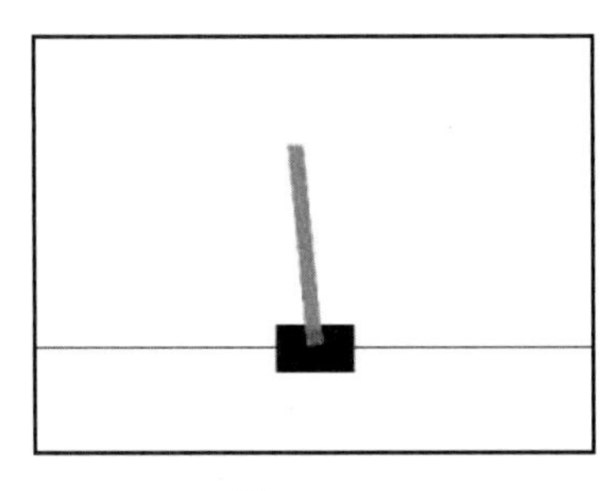

图 10-4

让我们看下面的代码：

```
CartPole-V0 at the start
env.render()
```

在这里，我们决定总是简单地选择相同的动作。在我们的例子中，`1` 告诉智能体走向正确：

```
action = 1
```

然后，我们执行动作。为此，我们可以使用环境的 `step` 方法，将选择的动作作为参数传递：

```
observation, reward, done, info = env.step(action)
```

环境将返回以下四段信息：

- **观察**：世界现状
- **奖励**：来自环境的反馈
- **完成**：用于传达情节是否结束的布尔值
- **信息**：调试信息

返回上述信息后，执行以下命令：

```
print("Episode finished after {} timesteps".format(t+1))
Break
```

要终止程序，可以调用 `close()` 函数，如下所示：

```
env.close()
```

10.4 冰湖问题

可用的环境之一是冰泊。这种环境的目标非常简单：我们想越过一个被划分为草皮块的冰泊，但是有一些我们需要避免的洞（H）。我们可以毫无问题地在冰冻的部分（F）上行走，最多可以向四个不同的方向移动：向上、向下、向左和向右（见图 10-5）。

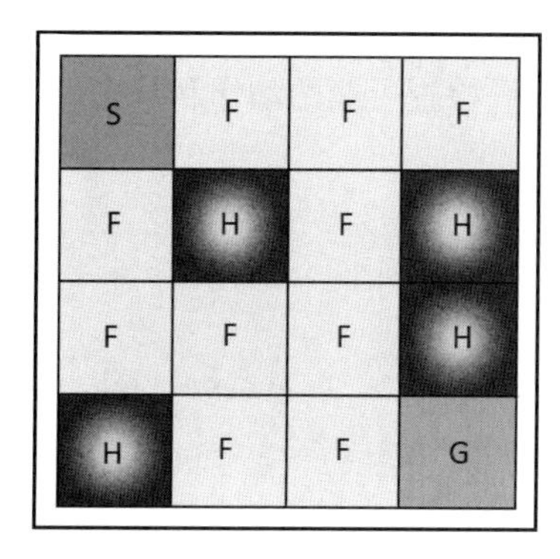

图 10-5 冰湖问题的可视化

Q-learning 算法需要以下参数：

1）步骤大小：$\alpha \in (0, 1]$

2）$\varepsilon > 0$

然后，该算法的工作原理如下：

1）任意初始化所有 $s \in S$ 和 $a \in A(s)$ 的 $Q(s, a)$，但 $Q(terminal, ') = 0$。

2）循环每个 episode。

3）初始化 S。

4）使用从 Q 派生的策略（例如 ε-greedy），来从 S 中选择 A。

5）循环 episode 的每个步骤，如下所示：

a）使用从 Q 派生的策略（例如 ε-greedy），来从 S' 中选择 A'。

采取动作 A，并观察 R、S'：

$$Q(S, A) \leftarrow Q(S, A) + \alpha[R + \gamma \, \text{rmax} \, Q(S', a) - Q(S, A)]$$

b）更新状态 $S \leftarrow S'$ 和动作 $A \leftarrow A'$，直到 S 为终端为止。

为了实现 TensorFlow，我们需要导入所有需要的库：

```
import gym
import numpy as np
import random
import tensorflow as tf
import matplotlib.pyplot as plt
plt.rcParams['figure.figsize'] = (16,8)

%matplotlib inline
```

现在，我们可以加载选择的环境。在这里，我们决定使用第一版的冰湖环境：

```
env = gym.make('FrozenLake-v0')
```

然后，我们可以使用以下代码检查可能的动作和状态：

```
n_actions = env.action_space.n
n_states = env.observation_space.n
# Actions are left, up, right, down
print(f'Number of actions {n_actions}')
# States are the 16 fields
print(f'Number of possible states {n_states}')
```

上述命令生成以下输出：

```
Number of actions 4
Number of possible states 16
```

现在让我们将环境的当前状态可视化：

```
SFFF
FHFH
FFFH
HFFG
```

在这里，可以看到我们从左上角开始，我们还可以检查与之交互时会发生什么：

```
env.reset()
env.step(1)
env.step(2)
(0, 0.0, False, {'prob': 0.3333333333333333})

env.render()
  (Right)
SFFF
FHFH
FFFH
HFFG
```

我们现在将使用 TensorFlow 版本 2，该版本与 keras 的集成程度更高，其用法如下：

- 清除默认图栈并重置全局默认图形
- 当我们在 Jupyter Notebook 中进行实验时，它在测试阶段非常有用

现在，让我们看一下以下命令：

```
# Clears the default graph stack and resets the global default graph.
# Useful during the testing phase while I experiment in jupyter notebook.
tf.reset_default_graph()
```

让我们为输入创建一个占位符，如下所示：

```
# Creating a placeholder for the inputs
inputs = tf.placeholder(shape=[1,n_states],dtype=tf.float32)
```

在这里，我们将初始权重创建为小的随机矩阵。在这个简单的示例中，我们将仅使用一组权重：

```
# Creating the initial weights as a small randomized matrix
# In this simple example we will use only one set of weights
mean = 0
std = 0.01
init_weights = tf.random_uniform([n_states, n_actions], mean, std)
```

TensorFlow 使用惰性评估，这意味着它仅在必要时才计算值。 因此，如果我们要检查是否可以可视化权重，则需要将其包装在会话中并显式评估 `tensor`：

```
# Visualizing the initial weights
with tf.Session() as sess_test:
    print(init_weights.eval())
```

上述命令生成如图 10-6 所示的输出。

```
[[0.00095421 0.00098864 0.00698167 0.00750466]
 [0.00570747 0.00089916 0.00711703 0.00038618]
 [0.00076457 0.00454047 0.00860003 0.00577745]
 [0.00455219 0.00055421 0.00049394 0.00343634]
 [0.00286473 0.00446176 0.00975701 0.00300927]
 [0.00323193 0.00409729 0.0022279  0.00965145]
 [0.00770885 0.00027495 0.00470571 0.00601063]
 [0.00518226 0.00761208 0.00074768 0.00878333]
 [0.00118302 0.00627028 0.00792606 0.0069023 ]
 [0.00330688 0.00721038 0.00506496 0.00677231]
 [0.00541128 0.00174315 0.00387131 0.00637214]
 [0.00548014 0.00976339 0.00628941 0.00262038]
 [0.00733525 0.00279449 0.00077582 0.00691394]
 [0.00079324 0.00387187 0.0059192  0.00177472]
 [0.00299844 0.00402844 0.0062203  0.0023068 ]
 [0.00816794 0.00160594 0.00133737 0.0026781 ]]
```

图　10-6

然后我们将通过只命中一组权重来创建一个非常简单的架构。我们可以用更复杂的网络来取代这种架构：

```
weights = tf.Variable(init_weights)

# Matrix product of two arrays
q_out = tf.matmul(inputs, weights)
predict = tf.argmax(q_out, 1)
```

如前几章所述，要更新权重，我们需要计算损失并使用它来计算提供给网络的更新。

我们采用目标 Q 值和预测 Q 值之间平方和之差来计算损失：

```
# We calculate the loss
# by taking the sum of squares difference between the target and prediction
Q values.
next_q = tf.placeholder(shape=[1, n_actions],dtype=tf.float32)
loss = tf.reduce_sum(tf.square(next_q - q_out))
trainer = tf.train.GradientDescentOptimizer(learning_rate=0.1)
update_model = trainer.minimize(loss)
```

我们想要近似的是一个矩阵，该矩阵考虑了状态和动作，它将以 Q 函数的形式计算未来。考虑到所有未来动作，每个状态动作都会与该对将提供给智能体的所有未来奖励的预测相关联（见图 10-7）。

$Q=$

状态 \ 动作	0	1	2	3	4	5
0	0	0	0	0	400	0
1	0	0	0	320	0	500
2	0	0	0	320	0	0
3	0	400	256	0	400	0
4	320	0	0	320	0	500
5	0	400	0	0	400	500

图 10-7

在突出显示的 Q 矩阵中，如果我们处于状态 S1，则可以看到我们的选项。该矩阵将指导我们的智能体根据其当前的知识采取使所有奖励总和最大化的动作。矩阵将在每次奖励后更新（见图 10-8）。

在给定状态下，Q 矩阵会告诉我们如果采取特定动作，我们将获得的所有未来奖励的总和。

为了探索其他选择，我们将使用 epsilon-greedy（ε-greedy）算法，该算法在给定状态的情况下，将采取除少量时间（由 epsilon 的值决定）外提供最高回报的动作。

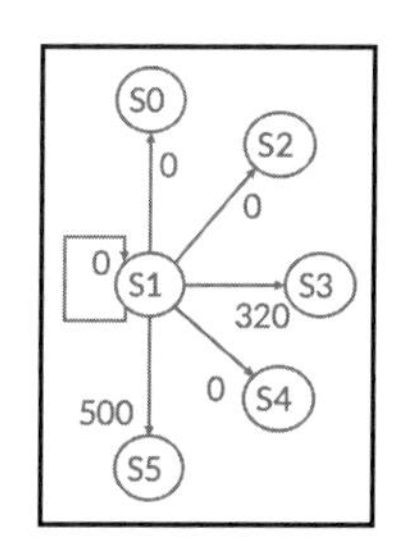

图 10-8

要实现这一点，我们需要使用之前创建的网络，并计算一个随机变量以包含随机元素。这种随机性在 RL 中是基本的，因为它赋予了智能体探索不同解决方案的能力：

```
def epsilon_greedy(predict, q_out, s, epsilon):
    a, q_matrix = sess.run([predict, q_out],
                           feed_dict={inputs: np.identity(n_states)
                           [s:s + 1]})
    if np.random.rand(1) < epsilon:
        a[0] = env.action_space.sample()
    return a, q_matrix
```

我们的算法需要一些参数：

❑ gamma，即权重集，如下所示：

```
y = .99
```

❑ epsilon 决定了我们选择随机动作的频率：

```
epsilon = 0.3
```

随着智能体的了解，我们希望加入折扣因子以降低我们的 epsilon：

```
epsilon_decay = 0.999
```

在这里，我们决定学习 1000 个 episode，如果我们未在 20 个步骤内解决问题，则将其视为失败：

```
num_episodes = 1000
max_steps = 20
```

我们将在一些向量中存储学习路径的历史记录：

```
#create lists to contain total rewards and steps per episode
step_list = []
reward_list = []
```

就像我们之前所做的那样，我们需要通过使用 init 运行我们先前定义的初始化过程来启动会话并重新初始化图形：

```
with tf.Session() as sess:
sess.run(init)
for i in range(num_episodes):
```

然后，我们需要重置环境以从头开始。我们将需要在每个 episode 的结尾处执行以下操作：

```
#Reset environment and get first new observation
s = env.reset()
total_reward = 0
done = False
```

对于 episode 中的每个时间步，我们都需要决定动作并根据当前状态和预期奖励找到更新的 q_matrix。为此，我们将使用我们先前创建的 epsilon-greedy 函数：

```
for step in range(max_steps):
# Choose an action using epsilon greedy using the Q-network
a, q_matrix = epsilon_greedy(predict, q_out, s, epsilon)
```

之后，我们与可以检查下一步的环境进行交互。环境将返回下一个状态，还返回有关 episode 是否结束的奖励。在这种情况下，我们只有在达到目标时才能获得奖励：

```
# Receive new state and reward from environment
s_prime, reward, done, _ = env.step(a[0])
```

然后，我们可以再次使用网络来估计 q 函数。

使用网络计算 Q，如下所示：

```
q_prime = sess.run(q_out, feed_dict={inputs:
np.identity(16)[s_prime:s_prime + 1]})
```

获取 max_q_prime 并设置所选动作的目标值：

```
max_q_prime = np.max(q_prime)
target_q = q_matrix
```

要计算更新，我们需要考虑奖励。另外，我们需要考虑以下命令：

```
target_q[0, a[0]] = reward + y * max_q_prime
```

然后，我们将使用目标和预测 Q 值来训练网络，如下所示：

```
_, w_prime = sess.run([update_model, weights], feed_dict={
inputs: np.identity(n_states)[s:s + 1], next_q: target_q
})
```

现在，我们可以更新奖励和状态：

```
total_reward = total_reward + reward
s = s_prime
```

我们还希望减少随时间选择随机动作的可能性，因为我们的智能体应该变得越来越有知识。为此，我们将采取一个非常简单的策略，即在每一步中，我们将使用非常小的折扣因子。我们也可以在每个情节结尾处应用此折扣。

在我们训练时，模型会降低 epsilon 以减少随机动作：

```
epsilon = epsilon * epsilon_decay
if done == True:
break
step_list.append(step)
reward_list.append(total_reward)
```

为了检查性能，我们可以绘制 episode 持续的步骤数以及智能体可以为每个 episode 获得的奖励数。

通过检查我们的智能体获得的奖励，我们可以看到，在 300 个 episode 左右，网络开始稳定地达到目标：

```
fig = plt.figure()
plt.plot(reward_list)
fig.suptitle('Reward per episode', fontsize=20)
plt.xlabel('Episode number', fontsize=18)
plt.ylabel('Reward', fontsize=16)
plt.show()
```

上述命令生成如图 10-9 所示的输出。

智能体正在学习如何在每个 episode 中获得越来越好的奖励。

通过检查智能体每个 episode 可以执行的步骤数，我们可以看到它随着每个 episode 的增加而增加。 特别是在 400 个 episode 之后，我们可以看到智能体非常擅长避开漏洞，并且能够在最大步骤数下生存：

```
fig = plt.figure()
plt.plot(step_list)
fig.suptitle('Number of steps completed per episode', fontsize=20)
plt.xlabel('Episode number', fontsize=18)
plt.ylabel('Number of steps', fontsize=16)
```

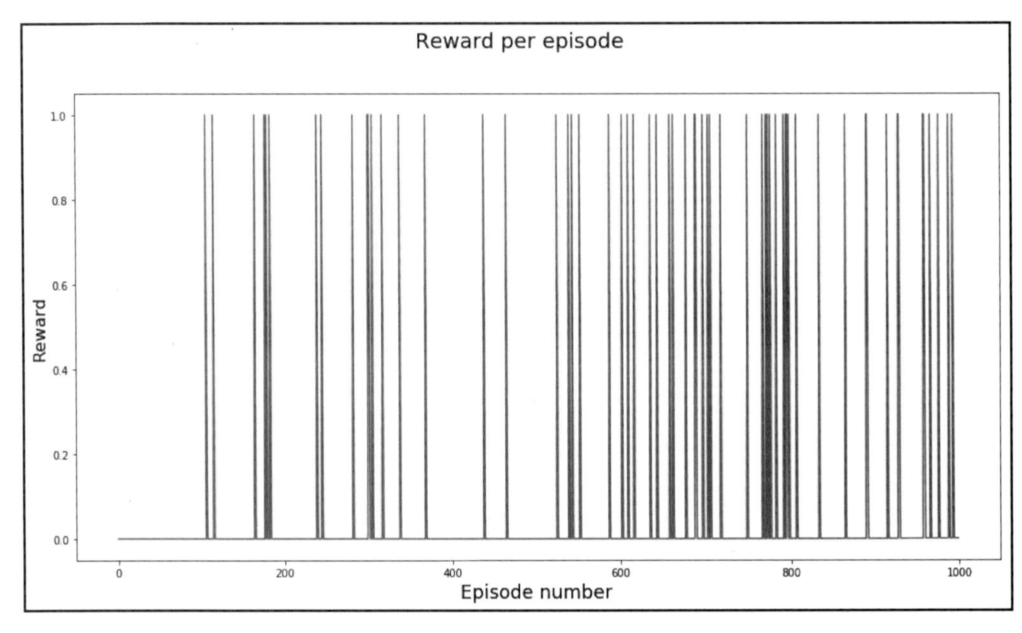

图 10-9

上述命令生成如图 10-10 所示的输出。

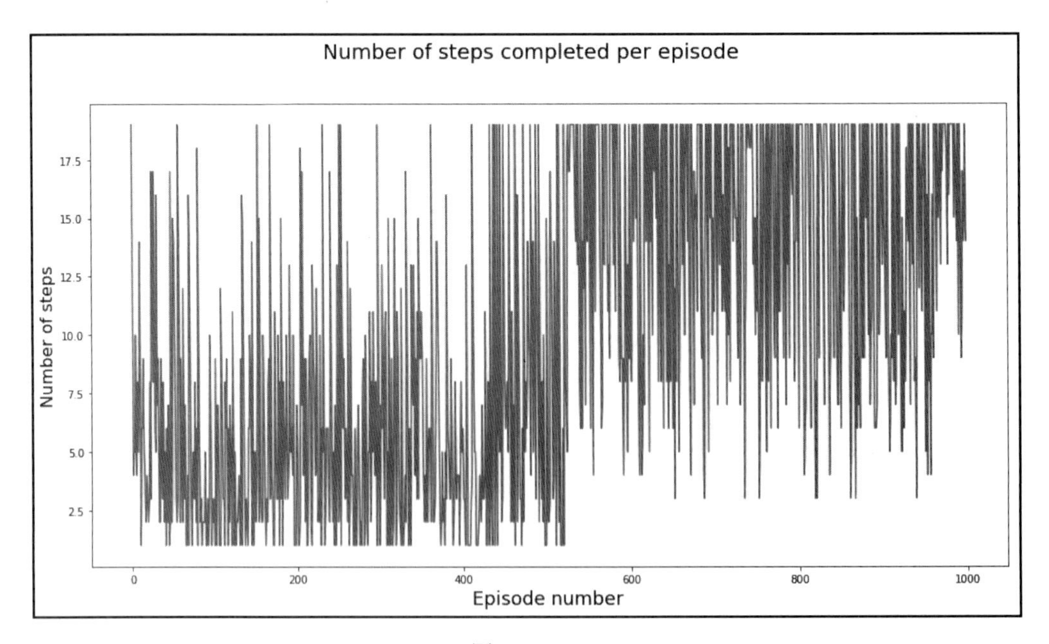

图 10-10

智能体在避免漏洞方面越来越好。

有了更好的网络，我们的智能体将能够更好、更快地学习。

10.5 总结

在本章中，我们探讨了 RL 的术语和主要概念。我们还学习了如何使用 OpenAI Gym 来测试 RL 算法。

除此之外，我们还探索了如何使用 TensorFlow 来创建一个简单网络，并解决简单任务。

DNN 现在用于 RL 中，以完成可以在 Gym 中轻松测试的更复杂的任务。

第 11 章是我们在本书中所学内容的总结。阅读它将帮助我们复习目前为止涉及的所有概念。

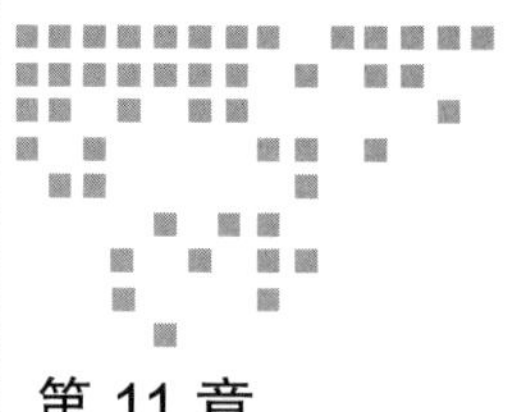

Chapter 11 第 11 章

下一步是什么

现在，我们到达了深度学习之旅的终点。本书涉及了许多不同的主题，从机器学习的基础开始，以更现代和更高级的主题结束，例如生成对抗网络和深度强化学习。

本书中，在讲解理论基础之后，我们会尽量尝试给出一个具体的例子，希望这种方法对读者的学习有所帮助。

11.1 本书总结

我们从有监督学习方法开始，并专注于如何创建分类模型，具体如下：

- 使用感知器解决线性可分的问题（第 2 章）
- 将前馈神经网络（FFNN）用于非线性可分的任务（第 3 章）
- 使用嵌入从文本中提取有用的信息（第 4 章）
- 将卷积神经网络（CNN）用于其输入具有空间关系的任务（第 5 章）
- 使用预训练的神经网络作为特征提取器（第 6 章）
- 使用生成模型来再现创造过程（第 7 章、第 8 章，以及第 9 章）
- 使用强化学习（RL）探索不同的解决方案（第 10 章）

通过图 11-1，我们可以更加清楚地看到上述内容。

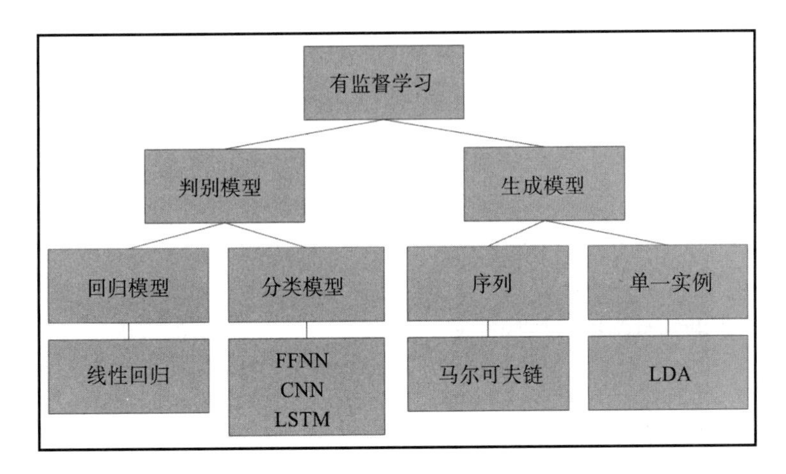

图 11-1　有监督学习的简单分类

有些方法已经非常古老了，而另一些方法则相当前沿，在机器学习和人工智能（AI）的未来发展中非常有前景。GAN 尤其是一种创新，因为这是第一次，损失函数是通过学习来得到而非给定。另一个我们要强调的主题是深度强化学习（Deep RL），尤其是 Actor-Critic 模型，该模型遵循与对抗网络类似的概念，即将任务分为在一个网络中估计奖励函数，在另一个网络中估计策略。

11.2　机器学习的未来

机器学习具有改善几乎每个社会领域的潜力。任何涉及学习、优化和决策的领域，都可能使用机器学习来获得提升。随着生成对抗网络等更新技术的出现，越来越多的领域将选择机器学习。以下是一些最有前途的研究应用领域：

- 药品研发
- 医疗保健
- 自动驾驶汽车
- 翻译
- 法律
- 艺术（见图 11-2）

如今，诸如 GAN 之类的生成方法已在药物研发领域进行探索，这可能降低药物研发成本。在医疗保健领域，通过深度学习，现在已能够自动化许多视觉诊断任务，例如放射科医生的任务。

图 11-2 通过迁移学习使用 Asterix 的风格来修改的图片

通过分析本书中列举的示例，可以发现一些导致 AI 突然快速发展的主要原因：

- 算法创新使效率得到空前提高
- 数据质量更高
- 有了新的更强大的硬件来处理数据

令人惊讶的是，后面两个因素是该领域快速发展以及吸引大公司大量投资的最重要因素。这是一个持续不断的循环。对数据的投资相应地增加了对硬件和研究的投资，更好的研究结果又吸引了更多的投资。

人工智能经历了许多繁荣和萧条的周期。当像现在这样大肆宣传时，总会伴随着合理的担忧。自 2010 年初以来，经历了从大数据到流媒体、从数据科学到 AI 的各种大肆宣传，这个领域似乎一直在不断向上发展。现在，“AI”一词无处不在。有些企业为了营销，经常将这个概念不恰当地应用在许多产品和服务中。

对于真正在使用这些技术并推动该领域发展的人们来说，这是具有冒犯性的。但最重要的是，普通公众会因此感到困惑并受到误导，从而增加了下一个炒作和萧条的周期到来的风险。

11.3 通用人工智能

通用人工智能（Artificial General Intelligence，AGI）是机器可以成功完成只有人类可以完成的任何智力任务的能力。

如果我们接受动物乃至人类都是生物机器的理论，那一定会相信人造机器会很快超过我们的计算能力。人类的智力成长所需的时间要远长于机器所需的时间。机器追上并超越我们似乎只是时间问题。

目前，我们似乎离 AGI 还很遥远，更倾向于一种特定于其要解决的单个任务的智能。就 AGI 而言，最有前途的领域似乎是 RL，现在已经看到无须人为干预就可以解决不同的任务（例如成功解决不同的电子游戏）的算法。值得注意的是，RL 技术的改进本身不足以实现这一突破。深度学习方法提供了极大的帮助，未来可能需要机器学习子领域之间越来越多的协作。例如，更强大的无监督学习技术也可以帮助 RL 向 AGI 接近。

如果 AI 技术发展到等于或超过人类智力，将会出现几个问题。在这个层次上，我们将不再讨论技术上的问题，而是哲学和伦理上的。每个人都应该参与讨论，因为这会潜在地改变人类生活和社会，是任何其他技术发现都无法比拟的。

11.3.1　AI 伦理问题

AI 能做出的决策越多，其面临的困境就越多。以自动驾驶汽车为例，有时它会被要求做出决定人类生死的决策。在某些情况下，它将不得不选择保护一个人（例如驾驶员）还是另一个人（例如相反方向上，另一辆汽车的驾驶员）。

在那一刻，有些人将基于自己的信念和利他主义而有意识或无意识地做出不同的决策，但是机器如何做出该决策却是一个开放讨论的主题。

机器可以独立决策的事实引起了很多争议。其中一些是有道理的，有一些似乎有点牵强。本书中仅讨论我们认为最重要的主题：

- 可解释性
- 自动化及其对社会的影响
- AI 安全性
- 问责制

11.3.2　可解释性

当前有很多关于如何使机器学习更具解释性的研究。在许多领域，必须能够解释和完全理解机器做出的所有决策。通常是因为这些决策需要某种道德规范，或者会对某人的生活产生重大影响。一个典型的例子是抵押贷款，其决策必须易于理解且可解释，以确保人们不会因无法控制的原因而被拒绝贷款。这些问题可能是因为使用了错误的输入数据，或算法中考虑了如性别、原籍国等变量。另一些时候，不公平的社会也会造成数据集存在偏差。在这些情况下，机器学习可能会盲目地延续这些社会中的不公平现象，进而扩大这些差异。

另一方面，因为系统的复杂性并且可能以人类无法理解的方式相互影响，我们到现在也无法解释某些决策。这可能是一件非常好的事情，因为我们能够探索一些可能无法实现的解决方案。RL 现在已被人类玩家用于电子游戏中，来探索赢得游戏的新策略。

11.3.3 自动化

媒体传播的主要担忧之一是 AI 将实现自动化，这可能会使我们大多数人失业，即使不是所有人。

从历史上看，大多数重要的创新都在短期内对就业市场产生了重大影响，但从长期来看，会重新取得平衡，并对社会产生积极影响。

的确，即使是工业革命也需要人工操作机器，但 AI 有可能可以消除任何人工干预。

在未来社会，如果资源不再成为问题，世界将不需要像现在这样工作，因为将不再需要金钱。金钱只是最被广泛接受的资源分配器，而在社会资源不再成为问题时，这种资源分配器将不复存在。

另一方面，这种变化不可能马上发生。因此，必然有一个过渡期，这可能是个相当微妙的过程。到时候，有能力利用大型数据集和 AI 研究的大型公司可能会获得所有收益。

11.3.4 AI 安全性

人们辩论的另一个主要主题是 AI 的安全性。人们普遍担心，机器会起来反抗其人类奴役者，并灭绝我们的物种。另一个不同的担忧是，我们将失去对 AI 的控制，它们会终结我们以优化社会。

个人看来，就这些主题进行公开辩论是一件好事，这中间不仅要有技术人员，还要让整个社会的人员参与进来，至少要让那些关心和好奇 AI 未来的人参与进来。

现在来看，这种情况似乎还很遥远，这不仅是因为它将需要巨大的技术飞跃，还因为目前 AI 主要用于优化特定功能的工具中。

更具体的风险是武装的 AI。借助 AI 可能会制造出更好、更自主的武器，操作时需要花费的人力和财力更少，同时效率更高。无人机袭击就是一个例子。目前我们总是有一个人类操作员来做出最终决策，但是很容易想象整个过程可以自动化。

11.3.5　问责制

看到本书最后，我们不会觉得 AI 不会犯错误。机器的责任越大，它们犯的错误就越严重。这种情况下，谁来负责？创建算法的公司，还是拥有运行算法的工具的人？而且如果该算法被对抗性攻击所愚弄，该怎么办？

11.4　结语

我们仍处于这段令人兴奋的旅程的开始。AI 是一个新兴领域，其中许多东西还有待于发现和通过教学证明。回想 2010 年，当时的情况和现在完全不同。当时，数据科学和机器学习还只是少数研究人员使用的模糊术语，大多数人都对机器自主决策持怀疑态度。现在，大众普遍认为，任何受人尊敬的企业，无论规模大小，都有以数学和数据驱动为基础的企业文化。

最后，我只想说，我很高兴能参与到这场革命中，我们的后代肯定会将其视为人类历史上最重要的时刻之一。希望通过本书不仅向你们传达了一些重要算法背后的主要概念和思想，而且传达了对这个引人入胜的领域的热情。

谢谢大家！

推荐阅读

神经网络与深度学习

作者：邱锡鹏 ISBN：978-7-111-64968-7 定价：149.00元

深度学习进阶：卷积神经网络和对象检测

作者：Umberto Michelucci ISBN：978-7-111-66092-7 定价：79.00元

TensorFlow 2.0神经网络实践

作者：Paolo Galeone ISBN：978-7-111-65927-3 定价：89.00元

深度学习：基于案例理解深度神经网络

作者：Umberto Michelucci ISBN：978-7-111-63710-3 定价：89.00元